SAMMLUNG GÖSCHEN BAND 561

WERKZEUGMASCHINEN FÜR METALLBEARBEITUNG

von

Professor Dipl.-Ing.
KARL P. MATTHES
Berlin

Mit 27 Abbildungen, 11 Zahlentafeln im Text
und 1 Tafelanhang

WALTER DE GRUYTER & CO.
vormals G. J. Göschen'sche Verlagshandlung · J. Guttentag,
Verlagsbuchhandlung · Georg Reimer · Karl J. Trübner · Veit & Comp.

BERLIN 1954

Archiv-Nr. 11 05 61
Satz und Druck von Mercedes-Druck, Berlin SW 61
Printed in Germany

Inhaltsverzeichnis

Band I

Einführende Bemerkungen

Die wirtschaftliche Fertigung braucht leistungsfähige Maschinen hoher Genauigkeit. Das gilt heute für den Industrie- und Handwerksbetrieb gleichermaßen. Da aber die Handwerker nicht immer maschinenfreundlich waren, wird man im Blick auf die altüberkommenen Vorstellungen vom Handwerk mit seinem „goldenen Boden" vielleicht fragen: welche Einstellung hat denn das heutige Handwerk zur Maschine? Um darüber ins Klare zu kommen, bedarf es einer kurzen Orientierung über das eigentlich Technische unserer hochgesteigerten Kultur. Denn die Technik hat ihre Auswirkung zum „Mechanischen" hin, aber nur bei technisch hochstehenden Völkern werden die Maschinen wieder „zu verständigen Organen bei größter Genauigkeit und Schnelligkeit" (Goethe). Ablehnung des technischen Fortschritts in der Fertigung ist deswegen keine Lösung des Problems, sondern nur die Duldung einer Art von „Pfuscherei". Darum kann sich kein Betrieb, gleich welcher Größe, vom Gebrauch der Maschinen mehr ausschließen.

Aus der Technik des Handwerkers ist im Wandel der Zeit eine Technik des Technikers geworden; damit verknüpft haben sich die technischen Funktionen, die der Mensch auszuüben hat, grundsätzlich geändert. Während im Handwerk das Werkzeug eine Ergänzung der Menschenhand ist, rückt bei der Maschine das Werkzeug an die erste Stelle; der Mensch muß jetzt die Maschine unterstützen bzw. steuern. Auf keinem Gebiet der Technik sind deshalb die Beziehungen zwischen „Mensch und Maschine" unmittelbarer, als bei der Werkzeugmaschine.

Werkzeugmaschinen sind nun keine sogenannten volkstümlichen Erzeugnisse, wie z.B. Autos, Flugzeuge, Radio- und Telefongeräte usw., die bald jeder aufgeweckte Schuljunge kennt und häufig sogar beurteilen kann. Sie erwecken nicht die Neugier, sind völlig ohne Sensation und nehmen auch nicht den Weg in die Öffentlichkeit, sondern gehen meistens aus der Fabrik in die Fabrik. Es liegt im Wesen der Werkzeugmaschinen, daß sich im allgemeinen nur der Fachmann dafür interessiert. Geht etwas im Produktionsbetrieb nicht so, wie es vielleicht dem Wunsche des Wirtschaftlers und Kaufmanns entspräche, so wird häufig den „Mängeln des Betriebes" die Schuld gegeben, ohne daß von Nichtbetriebsleuten irgendeine klare Vorstellung damit verbunden würde, und der Begriff Erfahrung ist immer ein relativer. Man sieht bei der praktischen Betriebsarbeit eben mehr auf ihr Ergebnis als auf die Arbeitsweisen, die dahinter stehen. Dadurch erhalten die Fertigungsmaschinen und Betriebseinrichtungen ihr besonderes Gepräge; sie erscheinen als verhältnismäßig bescheidene Menschenwerke, gemessen an den von jedermann alltäglich und oft beinahe leichtsinnig benutzten Erzeugnissen der Technik.

Um jedoch Werkzeugmaschinen richtig kennen zu lernen, muß man in die Betriebe gehen, wo sie am besten bei der Arbeit betrachtet werden. Bezüglich der hier zu behandelnden Maschinen ist noch anzumerken, was unter „Metallbearbeitungs-Maschinen" schlechthin verstanden wird. Es sind dies Werkzeugmaschinen, deren Formungsaufgaben auf „spanenden" Fertigungsmethoden beruhen, zum Unterschied von Bearbeitungsmaschinen, die sich auf ein bildsames Formen oder Umformen entsprechender Stoffe stützen. Ebenso bilden die Holzbearbeitungsmaschinen eine Sonderklasse. Doch jede Fertigung hat ihre bestimmte Eigenart und es können oft gleichartige Maschinen für ganz verschiedene Zwecke eingesetzt werden. Deswegen fällt es nicht leicht die Arbeitsbereiche der Werkzeugmaschinen eindeutig vorauszubestimmen. Auch gelten im Werkzeugmaschinenbau andere Prinzipien als im allgemeinen Maschinenbau oder bei anderen technischen Disziplinen. Dasselbe ist von seiner industriellen Struktur zu sagen: ungeeignet für das „Mammut-Unternehmen" entfällt das ungeheuerliche Unterfangen, mit großen Millionenbeträgen bzw. zehntausenden von Menschen Riesen-Werkzeugmaschinenfabriken aus dem Boden zu stampfen. Gleichwohl hat die Entwicklung der Werkzeugmaschinen-Industrie in Amerika und Rußland einen anderen Verlauf genommen als in der alten Welt, bei den ersteren nahm nämlich durch die Tendenz zur Ausweitung der Produktion schlechthin auch der Werkzeugmaschinenbau den Weg zum einheitlichen Großunternehmen.

Indessen gelingt es häufig erst dem Maschinenbenutzer in ständigem Bemühen fertigungstechnische Leistungen mit den Werkzeugmaschinen zu erzielen, die beim Bau derselben nicht vorausgesetzt werden konnten. So haben auf diesem Gebiete praktische Anschauungen und betriebsnahe Überlegungen oft mehr Wert als theoretische Rezepte. Deshalb möchte dieses Buch nicht nur einen allgemeinen Überblick über die Probleme geben, sondern zugleich auch ein praktischer Wegweiser sein. Bei dem großen Umfang der heutigen Zeitschriftenpublikationen über Werkzeugmaschinen ist es einem breiteren Publikum kaum möglich diese ganz durchzuarbeiten, und Fachbücher, die über den Bereich der reinen Beschreibung hinausgehen, sind z.Zt. noch selten. Hier bieten die „Göschen-Bändchen" von vornherein den Vorteil, daß sie infolge der Knappheit des Raumes den einzelnen Gegenstand streng sachlich und frei von

Nebensächlichkeiten behandeln müssen. Weiter kommen dem Verfasser bei der Untersuchung des aus der Praxis strömenden Stoffes ein viertel Jahrhundert eigene Betriebserfahrungen in verschiedenen Industriezweigen und speziell im Werkzeugmaschinenbau zugute. Der wissenschaftliche Beitrag stützt sich auf die neuesten theoretischen Erkenntnisse aus den Versuchsfeldern der Industrie und der Forschung an unseren Hochschulen. Alle die Quellen aufzuweisen, aus denen geschöpft wird, ist hier nicht möglich, aber man wird sie aus den im Text erscheinenden Namen von Firmen und Männern der Wissenschaft von selbst erkennen. Deren dankbar zu gedenken ist selbstverständlich, obwohl sie ohne dies in ihren Werken lebendig sind.

Etwas Vollkommenes können die vier Bändchen natürlich nicht sein, dafür ist die zu besprechende Materie zu umfangreich. Grundsätzlich bilden sie ein zusammenhängendes Ganzes und müssen als ein solches betrachtet werden, ohne Rücksicht darauf, daß bald diese bald jene Interessen in den Vordergrund treten. Im übrigen bieten die Darstellungen wichtige Orientierungen für Studium und Praxis:

Band I. Grundzüge und Entwicklung der Werkzeugmaschinen, für Maschinenbeschaffer, Wirtschaftler, Kaufleute, Techniker, und für jeden, der überhaupt mit Werkzeugmaschinen zu tun hat bzw. sich dafür interessiert.

Band II. Fertigungstechnische Grundlagen neuzeitlicher Metallbearbeitung, für jeden, der mit der Metallbearbeitung zu tun hat, deren Stoffe, Werkzeuge und Werkzeugmaschinen herstellt, benutzt und bewirtschaftet bzw. sich dafür interessiert.

Band III. Aufgaben und Erläuterungen der Werkzeugmaschinen, für jeden, der mit Werkzeugmaschinen zu tun hat bzw. sich dafür interessiert.

Band IV. Gestaltung der Werkzeugmaschinen und ihrer Elemente, vornehmlich für Maschinenkonstrukteure, Werkstoff- und Fertigungstechniker.
Wirtschaftlicher Einsatz von Werkzeugmaschinen und ihre Behandlung, vornehmlich für Maschinenhersteller und -benutzer, Arbeits- und Betriebsplaner, Betriebswirte usw.

Tragen die Werkzeugmaschinenbändchen dazu bei, das Wissen um unseren treuen Helfer „Maschine" ein wenig vermehrt zu haben, dann hat sich auch der ehrlich gewollte Dienst an der Technik gelohnt. Wieweit der Versuch gelungen ist, muß die Kritik entscheiden.

Berlin, Pfingsten 1954 K. P. Matthes

Band I

Grundzüge und Entwicklung der Werkzeugmaschinen

1. Das allgemeine Bedürfnis nach Werkzeugmaschinen

11 Wettbewerb und Absatz

Das Denken nach volks- und betriebswirtschaftlichen Gesichtspunkten muß dem Hersteller von Werkzeugmaschinen heute so vertraut sein, wie dem Käufer derselben, denn es tritt bei diesem Zweig der Technik besonders stark in den Vordergrund. Da viele Techniker diesen Dingen nicht immer die ihnen gebührende Beachtung schenken, möchten vorweg einige wirtschaftliche, sozialpolitische und kulturelle Orientierungen geboten werden. Auf manchen anderen Gebieten, wie z. B. beim Autokauf sind neben den technischen Daten häufig Fragen des Geschmacks und der Mode mitentscheidend. Wir wissen, daß in der wirtschaftlichen Gesellschaft grundsätzlich alle ihre Teile und Erscheinungsformen immer ein Ganzes bilden, indem sie sich wechselseitig bedingen. Indessen kann hier nicht von einer Theorie der Wirtschaft bzw. einer solchen der menschlichen Gesellschaft schlechthin die Rede sein, sondern vielmehr haben wir es vornehmlich mit den sich ergänzenden wirtschaftlichen Funktionen und ihren Möglichkeiten im Betrieb zu tun. Neben den Bodenschätzen und den geistigen Fähigkeiten eines Volkes ist im industriellen Zeitalter sein Wohlstand vor allem an den ihm zur Verfügung stehenden und zum Kapital gehörenden Maschinen zu ermessen.

Freilich ist es mit dem Kauf oder Besitz von Maschinen allein nicht getan. Leistungssteigerung und Kostensenkung heißt das Postulat in der Welt des Wirtschaftlers, wo die Maschine als Produktionsfaktor immer größere Bedeutung erlangte. Dabei sind Wirtschaften und rationelles Verhalten miteinander identisch. Unsere Frage nach dem Sinn des „rationellen Schaffens" ist dadurch zu beantworten, daß ihr Ergebnis nicht nur eine Steigerung des „Lebensstandards" ist, sondern infolge der Arbeitserleichterung und Arbeitszeitverkürzung zugleich auch eine Erhöhung des menschlichen Lebensalters.

Wenn ein Unternehmen zu arbeiten beginnt, versucht es seine Kosten herabzusetzen, um mit der Konkurrenz wettbewerbsfähig zu sein. Vermag ein einzelner Mensch oder ein einzelnes Unternehmen fertigungstechnisch etwas Originelles zu leisten und Neues zu schöpfen, so können diese einen Vorsprung gegenüber anderen gewinnen und sich vielleicht neuer Produktionsverfahren und Maschinen bedienen oder neuartige Erzeugnisse herausbringen — bis zu einem gewissen Grade. Doch werden derartige Sonderstellungen im Wirtschaftsleben meistens verhältnismäßig kurzfristig sein und nur solange dauern, bis andere auch den Versuch unternehmen, mit gleichen Verfahren zu produzieren bzw. analoge oder noch bessere Erzeugnisse auf den Markt zu bringen — sofern sie es können. Indessen kann eine solche Sonderstellung nur von längerer Dauer sein, wenn keine „Nachahmer" auftreten, allerdings fehlt es dann wieder an einem ausreichenden Interesse, das Risiko von Neuerungen auf sich zu nehmen. Ist andererseits die Konkurrenz mehr oder minder vollkommen, so geht das erzieherische Moment zum rationellen Wirtschaften und Verbessern meistens verloren.

Trotzdem ist die Konkurrenz kein Wettbewerb an sich, sondern vielmehr ein Zustand nach einem solchen, ein Schwacher kann z.B. mit einem Starken kaum konkurrieren. Je geringer der Anreiz des Wettbewerbs also ist, desto weniger rational werden sich die Menschen verhalten. Und je mehr der Wettbewerb entartet, umso unfairer werden die Menschen sein. Unter Umständen bereichert sich sogar der Unproduktive auf Kosten des Produktiven. Ansonsten kennt der Wettbewerb in der modernen Wirtschaft die verschiedensten Formen, von welchen die wesentlichsten sind:

1. Qualitative Leistungen (Export-Anpassung),
2. Quantitative Leistungen (Bedarfsbefriedigung),
3. Monopolistische Sonderstellungen (Marktbeherrschung),
4. Kapitalmäßige Bindungen,
5. Persönliche oder firmenmäßige Verbindungen,
6. Geschäftsbedingte Rücksichten (Gegengeschäfte, Zahlungserleichterungen und dergl.),
7. Preispolitische Motive (Kampfpreise),
8. Nebengeschäftliche Vorteile (Nebenlieferungen),
9. Soziale und politische Gegebenheiten (Rücksichten auf Notstände und Außenhandel),
10. Unfaires Geschäftsgebahren (Gerissenheit u.a.m.).

Menschen sind offensichtlich weder Engel noch rationale Wesen. Wären sie das, so würde das Wirtschaften überhaupt nicht durch Probleme belastet sein und man brauchte sich nicht so sehr den Kopf darüber zerbrechen, wie der mangelnden Rationalität menschlichen Verhaltens zu begegnen ist. Ein echter, unverfälschter Leistungswettbewerb braucht aber keineswegs etwas Trennendes zu sein, sondern kann auch menschlich verbindend wirken. Voraussetzung ist allerdings, daß im Zeitalter der Technik Wirtschaft und Technik die richtige Partnerschaft zueinander finden, damit es gelingt „technische Energie" in wirtschaftliche Kraft und Leistung umzuprägen. Überlegt man sich solches recht, so ist unschwer zu verstehen, daß diese Dinge mit der natürlichen Entwicklung verbunden sind, in welcher sich sozusagen Wesensmerkmale des Menschen befinden. Wollen wir hierüber nicht ausführlicher werden, sondern hinzufügen: es ist sicher, die wirtschaftlichen Dinge sind von denen der „technischen Kultur" nicht zu trennen.

Lassen wir den historischen Gang und das geistige Bemühen beiseite, ebenso die Überlegungen vom rein technischen Standpunkt, wie sie beim Erfinden oft allein maßgebend sind, und wenden uns dem Absatzproblem zu. Weder Tips noch ein überkommenes Geschick können dem Maschinenhersteller die methodische Erforschung der Marktlage ersetzen. Vielfach werden finanzielle, technische und betriebliche Leistungen fehlgeleitet, weil vorher keine Klarheit über den tatsächlichen Bedarf herbeigeführt wurde. Zur Kenntnis eines Marktes gehört jedenfalls das Studium der Käuferwünsche, die sich sowohl auf die qualitativen Anforderungen als auch auf ihre quantitative Nachfrage erstrecken. Ferner kommt eine gute Vorstellung von den Wettbewerbsverhältnissen und den für den Absatz zur Verfügung stehenden Mitteln hinzu. Ist der Markt einmal gesättigt, so kann mit weiteren Aufträgen nicht gerechnet werden, auch wenn der Hersteller den Verkaufspreis noch so sehr herabsetzt und vielleicht seinen Betrieb bis zum Äußersten rationalisiert. Hier ist ein evtl. Preisnachlaß nur ein Geschenk an den Kunden, was nicht dem Sinne des Wirtschaftens entspricht. Deswegen soll besonders dem Werkzeugmaschinenbauer gesagt sein, daß, bevor mit dem Bau einer Maschine begonnen wird, die Aufmerksamkeit in erster Linie auf zwei Fragen zu richten ist:

1. Welche Maschinen werden gebraucht?
2. Welche Kunden kommen dafür in Frage?

Wichtiger als die Überwindung innerbetrieblicher Schwierigkeiten ist häufig das Problem, ein neues Erzeugnis herauszufinden, das in die Fertigung aufgenommen werden kann. Wenn aber, wie es in den 40er Jahren in Deutschland vor kam, sich vier große Firmen gleichzeitig mit der Entwicklung eines Vertikal-Mehrspindelautomaten beschäftigen, von dem nur 15 Exemplare gebraucht wurden, so war das volkswirtschaftlich gesehen ein verwerfliches Unterfangen. Der einzige Ausweg aus einer solchen Situation ist, daß die Konkurrenten sich einigen, damit eine Firma den gesamten Auftrag erhalten kann — und so geschah es auch im damaligen Falle.

Wie kann sich nun ein Hersteller davon überzeugen, ob sein Absatz gesichert ist? Außer der Marktanalyse kommt es wesentlich darauf an, welche Stellung er innerhalb seiner Branche einnimmt, d.h. welche Anerkennung sein Erzeugnis und sein Name im Vergleich zu anderen Firmen in der Fachwelt erlangt hat. Durch Befragen eines größeren Käuferkreises läßt sich darüber unschwer ein Urteil ermitteln. Man braucht dazu nur eine Rangreihe der miteinander konkurrierenden Firmen aufzustellen. Als Meßwert können bestimmte leicht zu ermittelnde Prozentsätze dienen, die für die verschiedenen Rangstufen gemittelt werden, wobei die erstklassigen Firmen den höchsten Anerkennungs-Prozentsatz erhalten. Hat das eigene Erzeugnis weniger als 10% erlangt, so ist das ein Zeichen dafür, daß dessen „Renommé" schlecht ist und man gut daran tut, es vom Fabrikationsprogramm abzusetzen oder sich anzustrengen, ihm einen besseren Platz in der Rangreihe zu verschaffen. Mit Bild 1 wird

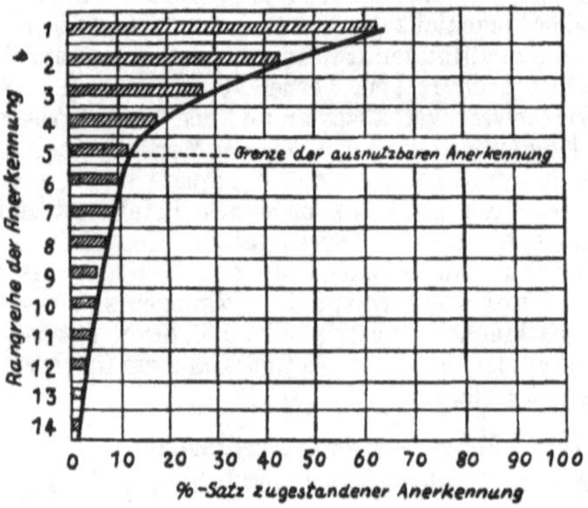

Bild 1. Anerkennungskurve für die Absatzbeurteilung

eine solche methodische Untersuchung grafisch dargestellt. Während die erstklassigen Firmen eine über 60%ige Anerkennung aufweisen, beträgt diese bei den Firmen der 6. Klasse nur noch 10% und hat damit die Grenze der ausnutzbaren Anerkennung unterschritten.

Richtungweisend für die Feststellung der Anerkennung können die vorerwähnten Wettbewerbsfaktoren sein. Sofern es sich um die

Erforschung des Marktes im eigenen Land handelt, mag es noch verhältnismäßig leicht fallen, sich einen solchen Überblick zu verschaffen.

Weit schwieriger hat es hingegen der Betrieb, der exportieren will. Hier sind im Blick auf die Ausfuhr häufig wenig erschöpfende Kenntnisse festzustellen. Interessieren wir uns aber dafür und welcher deutsche Produktionsunternehmer tut das nicht, so müssen wir uns auch mit den wirtschaftspolitischen Verhältnissen des Auslandes vertraut machen. Dies bedeutet, daß in einer gelenkten Wirtschaft ganz andere Maßnahmen zu ergreifen sind als in der Marktwirtschaft. Darum ist es unerläßlich, sich der jeweiligen Wirtschaftspolitik anzupassen. Gewiß hat der exportierende Betrieb selbst keine Politik zu machen, sondern nur in dem Rahmen, wie er ihm geboten wird, zu handeln. Ebenso wichtig wie der richtige Markt ist für den Absatz eines Erzeugnisses die Wahl der ausländischen Geschäftspartner. Von entscheidender Bedeutung ist hier eine genaue Information über den Vertreter und dessen Arbeitsprogramm. Viele Absatzmärkte, insbesondere die der Fertigerzeugnisse, also auch der Werkzeugmaschinen, zeichnen sich durch ihre Unüberschaubarkeit infolge weitgehender Differenzierung in Qualität und Aufmachung sowie in den Vertriebsformen aus.

12 Mensch und Maschine

Neuerdings haben sich Theorie und Praxis unter dem Gesichtspunkt eines neuen Humanismus und durch die sozialpolitischen Verhältnisse gezwungen, den Fragen des sogenannten „Personalen Seins“ des arbeitenden Menschen zugewendet. Aktuell ist in diesem Zusammenhang die systematische Pflege der menschlichen Beziehungen, (Human Relations = Beziehungen der Menschen im Betrieb untereinander, Public Relations = Beziehung zwischen Betrieb und Öffentlichkeit u.s.f.), – eine Rationalisierung ohne Kapital –, die in der Wirtschaft von nicht geringerer Bedeutung ist als die Verbesserungen auf arbeitstechnischem und technologischem Gebiet, wo die Leistungssteigerung sich meistens auf neue Produktionsmaschinen und -Einrichtungen stützt. Der eine Weg ist so wichtig wie der andere, keiner führt allein zum Ziel. So darf auch das Problem, das mit dem Begriff „Mensch und Maschine“ ausgedrückt wird, hier nicht übergangen werden. Früher ergab sich die Steigerung der „Produktivität“ aus der unmittelbaren Verbindung von menschlicher Arbeitskraft mit dem zu verarbeitenden Stoff und den Halbfabrikaten; heute beruht sie auf dem Einsatz von Menschen zur Bedienung und zur Kontrolle von Maschinen und anderen technischen Hilfsmitteln. Nicht nur die menschliche Arbeitskraft findet hierdurch eine rationellere Ausnutzung, sondern auch die mechanische. Also hängt die Produktivität wesentlich von dem Stand der Technik bzw. der mechanischen Produktionsmittel ab. Wenn auch die Maschine unzweifelhaft bei verschiedenen Arbeiten den Menschen ersetzt und ihn auf diese Weise wieder mehr der reinen Handarbeit zuführt, so entsteht keineswegs die Situation „Mensch gegen Maschine", denn ohne die Menschenhand ist auch die Maschine nichts. Aber was zu wenig beachtet wird, ist die Tatsache, daß die Mehrzahl der in Benutzung befindlichen Maschinen gar keine arbeitsparenden, sondern mehr arbeitschaffende und die Arbeit erleichternde Maschinen sind. Zusammengefaßt wird die Produktivität durch Maschinen, Stoffe, Werkzeuge, Vorrichtungen, sowie der Organisation und Menschenkraft bestimmt. Wichtig ist somit, daß die einzelnen Maschinen auch zweckmäßig in den wirtschaftlichen Organismus eingegliedert werden. Allein bei einer planvollen Wahl der Produktionsmittel ist der größtmögliche wirtschaftliche Erfolg zu erzielen. Wie rasch die produktive Leistung eines Betriebes durch Rationalisierung und Ausrüstung mit neuen Maschinen sich steigern kann, sei am Beispiel einer rd. 3500köpfigen Werkzeugmaschinenfabrik veranschaulicht (Bild 2).

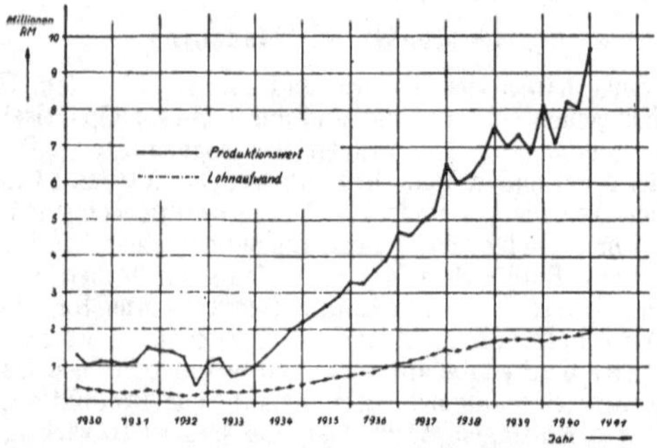

Bild 2. Produktive Leistung und Lohnaufwand

Interessant ist zudem, daß der Lohnaufwand hierbei immer mehr zurückbleibt. Gewiß bestehen noch andere Zusammenhänge, wie z. B. mit der Absatzwirtschaft, dem Beschäftigungsgrad usw., auch bringt es die Vergrößerung des Betriebes und die Modernisierung der Maschinen mit sich, daß mehr angelernte Arbeitskräfte mit kürzerer

Ausbildungszeit eingesetzt werden können, die in der Regel einer niedrigeren Lohngruppe als die hochqualifizierten Facharbeiter, auf die man bei der Bedienung älterer Maschinen häufig angewiesen ist, angehören. Es sei hier nur an den Dreher erinnert, der bei abgenutzter Drehbank gezwungen ist, gefühlsmäßig den Stahl anzustellen, von Fall zu Fall mit Seidenpapier den Reitstock zu unterlegen oder dessen Körnerspitze niederzudrücken hat, und, wenn das axiale Spiel der Arbeitsspindel zu groß geworden ist, bei Längsdreharbeiten gegen den Reitstock drehen muß. Steigt aber das Lohnkonto bei derartig unrationeller Arbeitsweise über das wirtschaftlich tragbare Maß, so wird der Arbeitsertrag sinken. Infolgedessen kann das Unternehmen weniger investieren und dadurch fällt auch die Zahl der Beschäftigten. Erfahrungsgemäß wächst die Zahl der Fertigungsarbeiter fast gleichmäßig mit derjenigen der vorhandenen Werkzeugmaschinen, die sich allerdings beide nach der Steigerung der Erzeugung richten. Diese Tatsache sei mit zwei Beispielen aus der Elektroindustrie und dem Werkzeugmaschinenbau aufgewiesen (Bilder 3 und 4). Bei Bild 2 und Bild 4 handelt es sich um ein und denselben Betrieb. Vielleicht

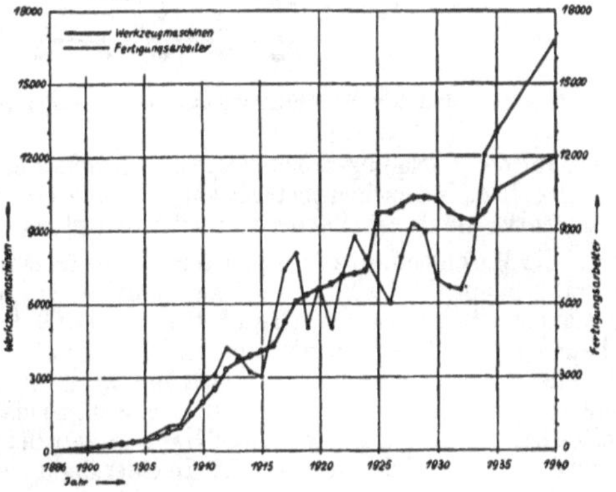

Bild 3. Mensch und Maschine in der Elektroindustrie (Mengenfertigung)

verlohnt es sich im Hinblick auf die Streitfrage, daß durch die Maschine die Gelegenheit zur Arbeit verringert würde, noch kurz auf die langjährigen Erfahrungen der Ford Motor Company einzugehen. Mitte der 30er Jahre stieg in Detroit bei einer jährlichen Investition von 4 Millionen Dollar für zusätzliche Maschinen die Zahl der Fertigungsarbeiter um 20000 und die gezahlte Lohnsumme um 48 Millionen Dollar. In einem anderen Jahre wurden für 9 Millionen Dollar Maschinen angeschafft bei einem Zugang von 40000 Menschen und einer Zunahme der Lohnzahlungen um 88 Millionen Dollar. Fest steht auch, an den amerikanischen Verhältnissen gemessen, daß sich die Arbeitsgelegenheiten seit Anfang dieses Jahrhunderts rascher vermehrt haben als die Bevölkerung, sie stiegen fast doppelt so rasch an.

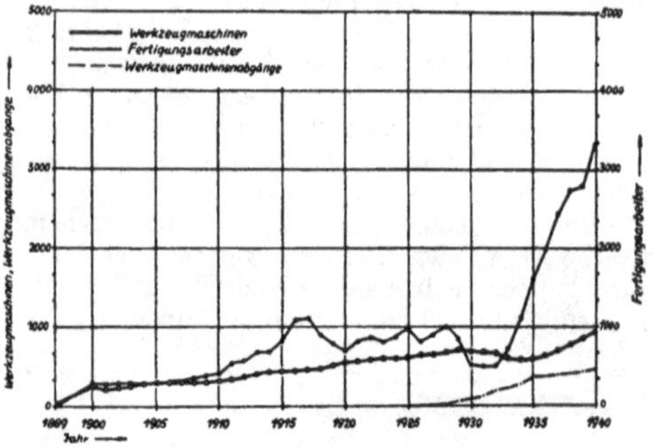

Bild 4. Mensch und Maschine im Werkzeugmaschinenbau (Serienfertigung)

Wo die Zahl der Fertigungsarbeiter wesentlich höher als die der Maschinen ist, liegt Mehrschichtbetrieb vor, wie sich ein Absinken der Arbeiterkurve durch Arbeits- oder Arbeitermangel erklären läßt.

Doch wie die Maschinen, so können auch die sie bedienenden Menschen überaltern, aber hier wird wirklich zu wenig bedacht, wie überaltert in manchen Betrieben die Belegschaft ist, und daß der Nachwuchs häufig gar nicht mehr in der Lage ist, die oft traditionsgebundenen Arbeitsverfahren auszuführen. Hinzu kommt in vielen Fällen die Bewältiguug immer größerer Fertigungsmengen, so daß es mit den „meisterhaften" Leistungen des alten Handwerkers bei den heutigen Anforderungen nicht mehr getan ist. In einer derart erstarrten Welt tut jeder nur das, was seine Vorfahren schon vollbrachten. Trotz aller Achtung vor dem Nimbus der geschichtlichen Vergangenheit, wie er z. B. in der Stahl- und Metallwarenindustrie, aber auch bei anderen Industriezweigen anzutreffen ist, weiterhelfen kann indessen allein die Einführung neuer Fertigungsverfahren, die allerdings neuartige Maschinen voraussetzen. Jedenfalls muß in dem Maße, wie die Zahl der Arbeitskräfte zurückgeht, die Maschinenleistung qualitativ und quantitativ steigen.

Zufolge der ständig zunehmenden Stunden-Durchschnittsleistung des arbeitenden Menschen und Arbeitsplatzes mit Hilfe der Maschine, kurz der „Produktivität", kann ferner die Arbeitszeit gekürzt und die Frei- und Erholungszeit vermehrt werden. Damit wird aber nicht zuletzt eine Steigerung der Zivilisation erreicht. Zweifellos bestehen trotz des schon hohen technischen Standes in den bedeutendsten Industrieländern noch auf vielen Gebieten Möglichkeiten, den Mangel an qualifizierten Arbeitskräften durch eine ökonomische Ausnutzung mechanischer Kraftquellen auszugleichen. Was der Mensch mit seinem Werkzeug zu leisten vermag, ist mehr oder weniger begrenzt, die Leistungsfähigkeit der Maschine hingegen, welche er zu erfinden fähig ist, kennt praktisch noch keine Grenzen. Nachdem die Maschine eine tiefgreifende Umwälzung im Kultur- und Wirtschaftsleben gebracht und das „technische Zeitalter" eingeleitet hat, werden die technischen Errungenschaften in immer rascherer Folge in den Dienst der Menschheit gestellt. Hierbei werden täglich neue Probleme aufgerollt, die nach Lösung drängen; die Endglieder bestimmter technischer Reihen sind dann wiederum die treibenden Kräfte und Grundlagen für eine weitere technische Entwicklung. Den in der produktiven Technik Schaffenden fallen aus dieser fortzeugenden Wechselwirkung die Aufgaben zu, für die kommenden Dinge den Weg zu bereiten. In diesem Sinne ist besonders der Werkzeugmaschinenbau berufen, wesentliche Voraussetzungen dafür zu schaffen, daß die vielen anderen technischen Erzeugnisse überhaupt gebaut werden und das leisten können, was sie sollen.

Zwar ist bei dem heutigen Stand der Technik und angesichts der zu erwartenden Weiterentwicklung nicht zu leugnen, daß häufig über Sinn, Vorteile, ebenso über Schäden und Grenzen der Maschinentechnik lebhaft diskutiert wird. Jedoch dürfte die Frage müßig sein, ob wir die Maschine wollen oder nicht; denn der Mensch unserer Epoche, d.h. die Totalität der Menschen, kann nicht mehr wählen zwischen dem Leben des Primitiven und den zeitgemäßen Lebensformen, wie sie uns die technischen Schöpfungen bieten. Fraglos besteht immer die Sorge vor einer vorübergehenden „technologischen Arbeitslosigkeit", und das verlangt von allen Verantwortlichen, daß neue Maschinen nur in sorgfältiger Abstimmung mit den sozialen und wirtschaftlichen Verhältnissen eingesetzt werden. Man wird aber die Mechanisierung deswegen nicht verhindern, sondern versuchen, sie mit dem Schicksal der davon betroffenen Arbeitskräfte zu koordinieren. Vor allem kommt es darauf an, daß die Mechanisierung nicht plötzlich, sondern mehr stetig erfolgt. Daher muß man eine weite Umschau halten, um der Bedeutung der Werkzeugmaschine gerecht zu werden.

13 Maschinen-Lebens- und -Nutzdauer

Hier sind zunächst noch die Daten beachtenswert, die uns die Kurve über die Maschinenabgänge in Bild 4 offenbart. Das um 1900 neu entstandene Werk stößt 1926 die ersten Werkzeugmaschinen wegen Überalterung ab, welcher Vorgang sich dann in der folgenden Zeit regelmäßig wiederholt. Daraus ist zu schließen, daß die wirkliche Nutzdauer der Werkzeugmaschinen im deutschen Maschinenbau durchschnittlich rd. 25 Jahre beträgt. Ebenso bekommen wir nebenbei einen Einblick, wie sich in Krisenzeiten (1930—1932) die Größe des Maschinenparks nach dem Beschäftigungsgrad richtet. Wesentlich kürzer ist zum Vergleich die Nutzdauer der Werkzeugmaschinen in überseeischen Ländern, wie folgende Zahlentafel (Tafel 1) zeigt:

Länder	Nutzdauer in Jahren				
	Drehbänke	Bohrmasch.	Fräsmasch.	Schleifmasch.	Gewindeschneidmasch.
Argentinien	6	2	5	3	3
Brasilien	8	3	5	3	5
Chile	7	2	4	2	3
China	8	3	4	3	4
Indien	7	3	6	4	4
Japan	9	7	8	6	4
Mexiko	6	2	4	5	3

Tafel 1. Werkzeugmaschinen-Nutzdauer in überseeischen Ländern

Ohne Kommentar sind diese kurzen Hinweise kaum zu begreifen. Im Grunde müssen wir zwischen Lebensdauer und tatsächlicher Nutzdauer, d.h. dem praktischen Überalterungszeitpunkt einer Maschine, unterscheiden, wobei uns die Lebensdauer den wirtschaftlichen, die Nutzdauer den technischen Zeitpunkt anzeigt. Da aber der wirtschaftliche Zeitpunkt auch eine Folge der technischen Entwicklung sein kann, nämlich dann, wenn durch eine Verbesserung der betreffenden Maschinenart Ersparnisse erzielbar sind, die das investierte Kapital rascher amortisieren lassen, so ist eine frühere Erneuerung gerechtfertigt. Es handelt sich in diesem Falle um eine

„vorzeitige Überalterung“. Schwieriger wird die Entscheidung, wenn der wirtschaftliche Vorteil zwischen alter und neuer Maschine unerheblich ist. Normalerweise dürften dauernd steigende Ausgaben für Instandhaltung, sorgfältigere Bedienung der alternden Maschine und dergl. das Bedürfnis nach einer neuen Maschine hinreichend begründen. Gewöhnlich wird der Zeitpunkt der Überalterung dann als gegeben angenommen, wenn die tatsächlichen Betriebskosten pro anno (reine Betriebskosten + Amortisation + Verzinsung u.a.m.) der im Gebrauch befindlichen Maschine höher sind, als die üblichen mittleren Betriebskosten einer neuen Maschine während ihrer voraussichtlichen Nutzdauer. Unter Nutzdauer wird also schlechthin die Zeitspanne verstanden, innerhalb welcher eine Maschine voraussichtlich wirtschaftlich arbeiten wird, d.h. die Betriebszeit bis zur normalen Überalterung. Dafür liegen im allgemeinen Erfahrungswerte vor, die sich meist nach den Qualitätsanforderungen der verschiedenen Maschinenarten richten. Als untere Grenze dürften 10 Jahre, als obere 20 Jahre angemessen sein. Um nach Erreichung des Überalterungszeitpunktes eine neue Maschine beschaffen zu können, müssen jährliche Rücklagen erfolgen, wofür die sogen. mittleren jährlichen Betriebskosten nach folgender Formel zu berechnen sind:

$$\text{Kapitalkosten-Anteil (jährl.)} = \frac{(\text{Neuwert} - \text{Zeitwert}) \cdot \text{p}}{(1 + \text{p})^{n} - 1}$$

p = Zinsfaktor = Zinszahl:100, n = Lebensjahre.

Ferner ist auch die Frage nach der Reparaturmöglichkeit einer Maschine zu stellen. Sofern es sich um führende Markenerzeugnisse handelt, kann eine abgenutzte Maschine häufig durch eine Generalüberholung wieder in den ursprünglichen Zustand gebracht werden, so daß sich die Nutzdauer über das normale Maß hinaus wesentlich verlängert. Oft begegnet man sogar der Auffassung, daß eine sachgemäß reparierte Maschine einer neuen vorzuziehen sei. Nur werden dabei die Kostenfrage und der technische Fortschritt meistens nicht genügend berücksichtigt; denn nicht selten kostet die Instandsetzung mehr als eine neue Maschine, und zum anderen lassen sich nicht immer alle Neuerungen bei einem nachträglichen Umbau verwirklichen. Gewiß können veraltete Maschinen unter Umständen auch für untergeordnete Arbeiten verwendet werden, sofern es auf eine rationelle Arbeitsweise weniger ankommt oder die Maschinen nur für einen ganz bestimmten Zweck gebraucht werden. Zuweilen benötigt die neue Maschine sehr lange Lieferzeiten, so daß zwischenzeitlich jedenfalls mit einer reparierten Maschine gedient ist. Vom Standpunkt des Wirtschaftlers ist es immer ratsam, der rechtzeitigen Maschinenerneuerung das Augenmerk zu schenken und die Abschreibungen nicht als Gewinn zu betrachten. Eine Maschine, die keine zeitgemäße Arbeit mehr leistet, kann nämlich eine teure Maschine sein, auch dann, wenn sie billig eingekauft wurde oder schon abgeschrieben ist. Nachweislich leistet eine moderne Maschine das 10- bis 15fache gegenüber einer veralteten, ganz abgesehen von der besseren Qualität des Arbeitsproduktes.

Näheres über die betriebsmäßige Abnutzung z.B. einer Fräsmaschine können wir aus folgendem Befundsbericht entnehmen. Die untersuchte Universalfräsmaschine mit einer Tischfläche von 1300/250 mm, einem Gewicht von 1900 kg und Stufenscheibenantrieb von der Decke, war von 1919 bis 1931 in Betrieb.

Prüf-Gegenstand	Prüfwerte in mm		
	neu zulässig	nach 12jähr. Gebrauch	bezogen auf
Kegel der Frässpindel auf Schlag	0,02	0,3	300 mm Dorn
Aufspannschlitten parallel zur Frässpindel	0,02	0,4	300 mm Dorn vorn steigend
Querbewegung des Aufspannschlittens parallel zur Frässpindel	0,02	0,3	300 mm
Mittelnut senkrecht zur Frässpindel	0,02	0,4	300 mm
Längsbewegung des Aufspannschlittens senkrecht zur Frässpindel	0,02	0,4	300 mm
Gegenhalterschaft parallel zum Winkeltisch und zur Querbewegung des Aufspannschlittens	0,02	0,3	300 mm
Lage der Achse des Drehteils zur Frässpindel	0,05	0,2	Umschlag des Drehteils

Tafel 2. Prüfbericht über eine abgenutzte Fräsmaschine

Zustand der Hauptteile:

a) Nachzuarbeiten — 1 Arbeitsspindel, 1 Welle, 1 Aufspanntisch, alle Schlitten und Führungen, diverse Kupplungen und Steuerungsteile, 1 Kühlmittelpumpe;

b) Zu erneuern — 2 Spindellager, 1 Gewindespindel mit Mutter, 8 Zahnräder, 14 Buchsen, 2 Wellen, 2 Leisten, 4 Kupplungsteile, diverse Bolzen und Schrauben.

Es bedarf wohl keiner besonderen Fachkenntnisse, um angesichts dieses Sachverhaltes zu dem Schluß zu kommen, daß die Instandsetzungskosten für eine solche Maschine verhältnismäßig hoch sind. Legt man sich noch Rechenschaft über den zwischenzeitlich erfolgten technischen Fortschritt ab (elektrischer Einzelantrieb, zuverlässigere Kühlmittelzufuhr, verstärkte Frässpindel, Einhebel-Steuerung für Spindel usw.), so wird die Bilanz mit großer Wahrscheinlichkeit zugunsten einer Neubeschaffung ausfallen. (Ursachen der Abnutzung siehe Bd. V.)

14 Abhängigkeit und gegenseitige Beeinflussung des Standes der Technik

Lange Zeit lehnten die Menschen prinzipiell die mechanischen Fertigungsmaschinen ab. Insbesondere war es das Handwerk, dem „Fortschrittsdenken" abhold, das sich dem besseren Neuen entgegenstellte. Die Macht desselben wird verständlich, wenn man bedenkt, daß z.B. in Württemberg noch 1816 die Zahl der alleinarbeitenden Handwerksmeister diejenige der Gesellen um das 5fache überbot. Manche anerkennenswerte Erfindung fand bei diesen Verhältnissen ein sehr rasches Ende. Eine Anschauung bekommen wir durch das historische Ereignis im Jahre 1590, wo die von Wolf Dibler zu Nürnberg gebaute Leitspindeldrehbank mit „schraub oder lauffdocken als das furnembst stück" aus uns heute unverständlichen Motiven zerschlagen wurde. Offenbar war jene Epoche noch nicht reif für diese Erfindung. Aus solchen und natürlich vielen anderen Gründen konnte sich der Werkzeugmaschinenbau erst verhältnismäßig spät entfalten. Durchschlagend änderte sich dieser Zustand im Laufe des letzten Jahrhunderts bzw. mit dem Aufkommen der industriellen Fertigung.

Im allgemeinen hat sich der Werkzeugmaschinenbau nach bestimmten Aufgabenstellungen, die meistens von anderen Produktionsbetrieben ausgehen, zu richten. Es gibt deshalb kaum ein Gebiet der Technik, auf dem Erzeuger und Benutzer des Produktes enger zusammenarbeiten und sich besser verstehen müssen als den Werkzeugmaschinenbau. Viele Großunternehmen betreiben aus diesem Grunde häufig einen „eigenen" Werkzeugmaschinenbau, wobei zuweilen die Konkurrenzangst eine entscheidende Rolle spielt. Kennzeichnend für diese Entwicklung sind aber auch andere Dinge, wie das immer notwendiger werdende organische Zusammenwirken von Teilfunktionen, eine Koordination der Tätigkeiten der einzelnen Glieder im Betrieb, so daß auch von der Werkzeugmaschine eine stärkere Anpassung an die Betriebsvorgänge verlangt wird. Das soll heißen: in der modernen Fertigungstechnik muß sich der Einsatz der technischen Mittel mehr nach dem Gesamtorganismus des Betriebes richten. Durch die zunehmende Verflechtung und Verschlingung der einzelnen Betriebsabteilungen wie Dreherei, Hoblerei, Fräserei, Schleiferei, Montage usw. zu großen Produktionseinheiten bis zu den komplizierten Organismen wie etwa der „fließenden Fertigung", werden heute an die Werkzeugmaschinen völlig andere Anforderungen gestellt als früher. Diesen aber von außen her gerecht zu werden, ist oft schwierig. Dennoch dürfte es bei näherer Betrachtung keinem Zweifel unterliegen, von wem die Werkzeugmaschine am wirtschaftlichsten und nach sachgemäßeren Grundsätzen gebaut werden kann. Der Werkzeugmaschinenbau, vielfach auf jahrzehntelange Erfahrungen aus allen Industriezweigen gestützt und mit den notwendigen technischen Mitteln und Fachleuten ausgerüstet, kann unbestreitbar hier mehr leisten als der beste Vorrichtungsbau irgendeines Werkes, der sich vielleicht nur nebenher mit dem Bau der einen oder anderen Werkzeugmaschine zu beschäftigen hat. Und schließlich besteht zwischen Maschinen-, Vorrichtungs- und Werkzeugbau ein prinzipieller Unterschied, denn die Gestaltung der Maschine setzt ganz andere Gesichtspunkte voraus, die sich vor allem auf den Antrieb, den Kraftfluß und die dynamischen Vorgänge zu richten haben, als der Vorrichtungen, die vorwiegend statisch beansprucht werden.

Wohl ist es wahr; der Werkzeugmaschinenbau hat nicht zu allen Zeiten die in ihn gesetzten Hoffnungen erfüllt, so daß sich mancher Produktionsbetrieb vielleicht deswegen selbst helfen mußte. Aber in jedem Industriezweig, wie bei jedem Unternehmen gibt es Perioden der Stagnation. Weiterhin sind Fortschritte auf dem Gebiete des Werkzeugmaschinenbaues wiederum durch Fortschritte auf anderen Gebieten bedingt. Besonders sinnfällig ist diese Abhängigkeit und zugleich gegenseitige Beeinflussung des Standes der Technik bei den Wechselbeziehungen der Stoff-, Verfahrens- und Werkzeugtechnik. Bald eilt der eine Zweig dem technischen Stand des anderen voraus, bald läuft er ihm nach. So spiegelt sich in der Entwicklung des Werkzeugmaschinenbaues ein unablässiges Bemühen um Fortschritte und Verbesserungen wieder, ein Bemühen, das allerdings stets gewaltet hat, das aber in den letzten Jahrzehnten besonders stark und erfolgreich gewesen ist. Dieses Bemühen hat sich vor allem auf eine Verbesserung der Bearbeitungsverfahren und auf eine immer umfassendere und wirkungsvollere Mechanisierung erstreckt. Man schlug sich dabei folgerichtig auf die Seite der Konstruktion, des Rationalen und, um es ganz klar auszudrücken, auf die Seite von Wissen und Ordnung. Aus rationalen Bezügen heraus suchte man sich neu einzurichten und das Brauchbare für jeden Betrieb zu finden.

Von entscheidendem Einfluß auf das Fabrikationsprogramm einer Werkzeugmaschinenfabrik sind zweifellos und vorwiegend die Gegebenheiten des Standortes und die Verbindungen, die sie zu nachbarlichen Industrien hat. Eng verbunden damit ist auch die offenbar geographisch bedingte Eignung der Arbeitskräfte für den Werkzeugmaschinenbau. Aber vor allem kommt es auf die Aufgabenstellungen an, die von den bereits vorhandenen Industrien ausgehen. Wesentlich erscheint es deshalb zu wissen, daß sich z. B. der sächsische Werkzeugmaschinenbau anfänglich in erster Linie nach dem Textilmaschinenbau orientierte — für die Entwicklung der Wanderer-Fräsmaschine der Fahrradbau maßgebend war — in Thüringen der Waffen- und Präzisionsgerätebau den Weg wies — der Berliner Werkzeugmaschinenbau durch die Waffen- und Eisenbahnbetriebe, sowie die Elektroindustrie bestimmt wurde — der Karl-Jung-Schleifmaschinenbau sich zunächst nach dem Nähmaschinen- und Werkzeugbau richtete — auf den ersten Kärger-Drehbänken Präzisionsgewichte zum Abwägen des sogen. „Franzosengoldes“ nach dem 70er Krieg bearbeitet wurden. Für den rheinisch-westfälischen Werkzeugmaschinenbau war verständlicherweise die Rohstoffnähe und der Bedarf an Großmaschinen des Ruhrgebietes richtungweisend, so daß in diesem Gebiet insbesondere der Schwermaschinenbau entstand. Im Bezirk Frankfurt/Main dürften die günstigen Transportverhältnisse für den „Naxos-Schmirgel“ Ursache zur Ansiedlung der vielen namhaften Schleifmittel- und Schleifmaschinenwerke gewesen sein, wie andererseits der Mensch aus dem Taunus seinen Teil zu der günstigen Entwicklung beigetragen hat. Betrachten wir schließlich den süddeutschen Wirtschaftsraum, besonders den Württembergs, so erhalten wir durch den dort ansässigen Werkzeugmaschinenbau ein Bild von der ganzen Mannigfaltigkeit der industriellen Betätigung in diesem Lande. Man denke nur an den Autobau und seine Zubehörfabrikation, die Kugellagerfabriken, den Lokomotivbau, Feingerätebau usw. Als letztes Beispiel in dieser Reihe sei noch von den Fortuna-Werken berichtet, daß diese z.B. über die Kugellagerfabrikation der Norma zum Schleifmaschinen- und Feinmeßgerätebau kamen, während Unger und Schaerer durch Bosch zur Herstellung von Werkzeugmaschinen veranlaßt wurden.

Einige namhafte Unternehmungen wie Loewe, Schütte, Hahn & Kolb gingen vom Handel — insbesondere mit amerikanischen Werkzeugmaschinen — zur eigenen Fabrikation über. Aus der Kombination beider Wirksamkeiten, im Handel und in der Erzeugung, ergab sich bei diesen Firmen eine mehr oder minder weitgehende „vertikale Organisation" mit ihren Vorteilen produktionspolitischer und absatzwirtschaftlicher Art, aber auch technischen und wirtschaftlichen Vorteilen schlechthin. Das Charakteristische für diese Unternehmungen ist, daß sie daneben auch die horizontale Entwicklung nicht vernachlässigten und dadurch zu einer dominierenden, wenn nicht gar monopolistischen, Marktbeherrschung gelangten. Sie sind infolgedessen in der Lage, komplette Fertigungseinrichtungen zu planen und betriebsfertig hinzustellen. Andererseits läßt ein derartig vielseitiges Wirken in die Breite und in die Tiefe zugleich die nicht minder wirtschaftlichkeitsfördernde Konzentration vermissen, wie sie bei dem spezialisierten Betrieb vorhanden ist. Naturgemäß kann die vorerwähnte Firmengruppe jedoch nicht als Regelfall herangezogen werden.

Aber diese charakteristischen Firmenmerkmale, wie sie sich aus den ursprünglichen Einflüssen und Abhängigkeiten insbesondere während der Gründungszeit ergaben, sind dann nachhaltig mitbestimmend geblieben für die Struktur der verschiedenen Werkzeugmaschinenfabriken. Sie bieten im allgemeinen noch heute einen Maßstab für die Beurteilung der Erzeugnisse der einzelnen Firmen; denn eine Werkzeugmaschinenfabrik, die sich einmal spezialisiert hat, kann später nicht gleichzeitig schwere und leichte, grobe und genaue Maschinen der verschiedensten Arten mit demselben Erfolg bauen. Immer kommt es auch auf die im eigenen Betrieb vorhandenen Maschinen und sonstigen Einrichtungen an, deren Größe und Qualität schon der Konstrukteur bei dem Entwurf eines Erzeugnisses berücksichtigen muß. Selbstverständlich kann man in Sonderfällen bestimmte Bauteile in fremden Werkstätten bearbeiten lassen; wie weit das jedoch eine befriedigende Lösung ist, hängt vom Einzelfall ab. Schließlich ist es selbst dem genialsten Konstrukteur bei dem heutigen Stand der Technik normalerweise nicht möglich, auf einem anderen als seinem Spezialgebiet dieselbe Pionierarbeit zu leisten. Der Spruch „Schuster bleib bei deinem Leisten" hat für den Werkzeugmaschinenkonstrukteur in besonderem Maße Gültigkeit; und wir haben es erlebt, als ein anerkannter Fräsmaschinenbauer eine Gewindeschleifmaschine bauen wollte, daß diese wohl auf besondere Weise zum Fräsen aber nicht zum Schleifen von Gewinden zu gebrauchen war — mit einer Lindner-Gewindeschleifmaschine konnte sie jedenfalls nicht konkurrieren. Hier könnte man lange fortfahren und unwiderlegliche Tatsachen zur Besinnung aneinander reihen.

15 Materielles und geistiges Potential

Was sich im Bereich des Werkzeugmaschinenbaues in der Vergangenheit getan hat und täglich tut, bleibt der übrigen Welt im allgemeinen verschlossen. Auch das Studium an unseren Ingenieur- und Hochschulen erstreckt sich traditionsgemäß mehr auf die anderen technischen Disziplinen. In den Kreisen der Wissenschaft wird die Werkzeugmaschine oft als ein Ding im Wirkungsfeld des Handwerkers stehend betrachtet, das für eine wissenschaftlich methodische Durchforschung wenig geeignet erscheint. Also pflegt man sie nicht immer als vollwertig zum Bereich der Wissenschaften gehörig anzusehen. Zudem wandte sich auch der „studierte Techniker" lange Zeit von selbst, wenigstens in Deutschland, lieber anderen Industriezweigen zu, weil ihm diese ohne langjährige praktische Erfahrungen vorauszusetzen ein schnelleres Fortkommen versprachen. Im Hinblick auf die zukünftige Entwicklung des Werkzeugmaschinenbaues lag hier ein ernsthaftes Problem vor. Jedoch haben sich die Verhältnisse in dieser Beziehung sichtbar geändert, nachdem die Auffassung über die Bedeutung, Aussicht und Achtung des Werkzeugmaschinenbauers im Laufe der letzten 20 Jahre eine beachtliche Höherbewertung erfahren hat. Wie wäre es auch möglich gewesen, daß Naturforschung und Technik die menschlichen Lebensbedingungen so verändern konnten, wie es geschehen ist, wenn ihnen die Werkzeugmaschinen nicht zur Verfügung gestanden hätten. Das gibt diesem Zweig der Technik Zuversicht und Sicherheit für weitere Entwicklungsmöglichkeiten und formt die dauernd wachsende Gesellschaftsschicht der Werkzeugmaschinenbauer. Gerade jetzt kommt dem Werkzeugmaschinenbau und der Fertigungstechnik eine hohe wirtschaftspolitische Bedeutung zu, um das beseitigen zu helfen, was vielfach falsche Politik angerichtet hat.

Betrachten wir einmal die Anzahl der Produktionsbetriebe nach den wichtigsten Industriezweigen geordnet, wie sie als Aussteller auf den großen Industriemessen Leipzig und Hannover in den letzten 20 Jahren aufgetreten sind, so erhalten wir einen guten Überblick über den Stand des Werkzeugmaschinenbaues innerhalb der metallverarbeitenden Industrie. Die Zahlen zeigen deutlich, welches wirtschaftliche Potential der Werkzeugmaschinenbau tatsächlich darstellt. Zum großen Teil ist die Entwicklung vieler anderer Industriezweige wiederum auf den Bedarf und die Anforderungen des Werkzeugmaschinenbaues zurückzuführen. Weiter die Zahlen, wie sie in Tafel 3 zusammengestellt sind, zu interpretieren, würde über den hier gegebenen Rahmen hinausgehen.

Industrie-Gruppen	Anzahl der Aussteller							
	Leipzig in den Jahren						Hannover i. Jahre	
	1932	1933	1934	1935	1949	1950	1951	in %
Eisen- und Stahlwaren, Werkstoffe und Betriebsstoffe, Halbzeuge und Industriebedarf	192	193	186	198	434	593	657	23,7
Elektrotechnik	376	352	393	395	330	359	628	22,6
Werkzeugmaschinen	181	169	269	299	186	176	459	16,5
Fördermittel, Pumpen, Kompressoren und Fahrzeuge	122	87	94	110	112	139	254	9,2
Maschinen und Apparate für Nahrungs- und Genußmittel-, chemische-, keramische- und Verpakkungsindustrie	111	71	129	157	182	185	245	8,8
Bauwesen und Gesundheitstechnik	211	208	269	293	287	320	182	6,6
Maschinen für Textil und Konfektion, Papier und ähnliche Stoffe, graphisches Gewerbe	164	165	170	185	58	79	157	5,7
Kraftmaschinen, Wärme- und Gastechnik	80	59	77	104	112	106	149	5,4
Feinmechanik und Optik	145	132	143	143	73	80	41	1,5
Gesamtzahl der Aussteller	1582	1436	1730	1884	1774	2037	2772	100,0

Tafel 3. Zahlen über die ausstellenden metallbearbeitenden Produktionbetriebe der Industriemessen Leipzig und Hannover (1932 – 51)

Wir entnehmen aber auch aus der Statistik der „Wirtschaftsgruppe Maschinenbau“ über die Lage des gesamten deutschen Maschinenbaues z. B. im Jahre 1935 charakteristische Merkmale für die potentielle Form und das Arbeitsvermögen des Werkzeugmaschinenbaues. Nach dieser Statistik verteilte sich 1935 der Auftragsumfang auf die einzelnen Fertigungsgruppen des Maschinenbaues prozentual gemäß Tafel 4. Mit dieser Darstellung wird nicht

Industriegruppen	Anteil am Auftragsumfang in %		
	Allgemein	Inland	Ausland
Werkzeugmaschinen	18,5	18,6	16,8
Fördermittel, Pumpen, Kompressoren	12,8	14,1	6,3
Maschinen für Textil- und Papierverarbeitung	12,2	9,5	29,5
Landmaschinen	10,0	11,5	4,2
Aufbereitungs- und Baumaschin.	7,2	7,8	5,3
Kraftmaschinen	6,5	6,2	6,8
Maschinen für Nahrungs- und Genußmittel	5,2	4,2	7,3
Getriebe und Wälzlager	4,8	5,8	1,0
Büromaschinen	4,8	5,0	3,5
Feinmechanik und Optik	4,8	4,5	5,2
Armaturen	3,2	3,4	1,5
Übrige Gruppen	10,0	9,4	12,6
Gesamt	100,0	100,0	100,0

Tafel 4. Auftrags-Verteilung im Deutschen Maschinenbau 1935

nur aufgewiesen, wie ungemein vielseitig das Arbeitsprogramm des Maschinenbaues ist, sondern auch zugleich die dominierende Stellung des Werkzeugmaschinenbaues hervorgehoben. Noch 1910 hatten die Kraftmaschinen, die landwirtschaftlichen Maschinen und Geräte, sowie die Maschinen für das Textil- und Bekleidungsgewerbe den

Vorrang. Aber was weiter für den Werkzeugmaschinenbau Zeugnis ablegt, ist der Anfang 1936 vorliegende Auftragsbestand, der ihm eine Beschäftigungsdauer von rd. 6 Monaten sicherte gegenüber ungefähr 3 Monaten bei den anderen Zweigen des Maschinenbaues. Wie stark der Maschinenbau unser Schicksal mitbestimmt, ist noch viel zu wenig erkannt. Für ein Land wie Deutschland, dessen Reichtum sich in erster Linie auf seine Arbeitskräfte stützt, müssen vor allem Überlegungen angestellt werden, wie bei den verschiedenen Fertigungserzeugnissen eine Produktionserhöhung für den Export zu erzielen ist. Welche hervorragende Rolle auch hier der Maschinenbau spielt, mögen die Beschäftigten-, Produktions- und Ausfuhrzahlen der Deutschen Industrie im Jahre 1936 bezeugen (Tafel 5).

Fertigungsgruppen	Beschäftigtenzahl		Netto-Prod.-Wert in Mill. RM	Ausfuhr		Pro-Kopf-Quote in RM	
	in 1000	in %		in Mill. RM	in %	Netto-Prod.-Wert	Ausfuhr
Textil	910	12,75	2 810	443,0	9,0	3 085	487
Bergbau	570	8,0	2 188	452,5	9,2	3 840	794
Maschinenbau	550	7,7	2 530	675,0	13,7	4 610	1227
Nahrungs- und Genußmittel	540	7,6	2 938	63,6	1,3	5 440	118
Eisen- und Stahlwaren	440	6,2	1 756	387,0	7,8	3 990	880
Steine und Erden	400	5,6	1 245	51,6	1,05	3 112	129
Weberei	345	4,85	1 081	286,0	5,8	3 135	830
Elektrotechnik	300	4,2	1 487	273,0	5,55	4 953	910
Druck- u. Papierverarbeitung	280	3,9	1 000	69,0	1,4	3 571	246
Holz-Verarbeitg.	265	3,7	700	62,4	1,25	2 641	236
Bekleidung	255	3,6	735	67,8	1,4	2 882	266
Metallwaren	240	3,4	750	223,0	4,5	3 125	930
Eisen-Erzeugnisse	210	2,95	1 172	248,0	5,0	5 581	1180
Leder-Verarbeitg.	200	2,8	644	90,6	1,85	3 220	453
Chemie-Stoffe	170	2,4	1 500	530,0	10,75	8 325	3117
Gießerei	160	2,25	687	49,8	1,0	4 294	311
Übertrag	5 835	81,90	22 223	3972,3	80,55	—	—

Fertigungsgruppen	Beschäftigtenzahl in 1000	Beschäftigtenzahl in %	Netto-Prod.-Wert in Mill. NM	Ausfuhr in Mill. RM	Ausfuhr in %	Pro-Kopf-Quote in RM Netto-Prod.-Wert	Pro-Kopf-Quote in RM Ausfuhr
Übertrag	5 835	81,90	22 223	3972,3	80,55	—	—
Fahrzeuge	159	2,2	875	111,0	2,25	5 468	698
Elektro- und Gaswirtschaft	155	2,15	1 938	22,8	0,45	12 503	147
Stahl- u. Eisenbau	152	2,1	575	102,0	2,05	3 783	671
Papier-Erzeugung	105	1,45	493	105,0	2,1	4 695	1000
Feinmechanik und Optik	100	1,4	375	135,0	2,75	3 750	1350
Chemie - Technik	92	1,3	725	84,0	1,7	7 880	913
Keramik	90	1,25	250	61,8	1,25	2 778	687
Nichteisen-Metalle Erzeug.	76	1,05	544	132,0	2,65	7 150	1740
Glasverarbeitung	75	1,05	225	68,5	1,4	3 000	913
Kautschuk- und Asbestverarbeitg.	62	0.85	256	45,0	0,9	4 130	726
Kraftstoff-Erzeugung	35	0,5	237	44,3	0,9	6 771	1266
Uebrige Gruppen	200	2,8	970	51,0	1,05	4 850	255
Gesamt	7136	100,0	29 686	4934,7	100,0	—	—

Tafel 5. Beschäftigtenzahl, Netto-Produktions- und Ausfuhrleistung der Deutschen Industrie 1936

Diese Angaben sind schon insofern interessant, weil sie in neuerer Zeit als Vergleichsmaßstab (100%) für unseren Produktionsstand dienen. Anteilmäßig nehmen die Maschinen für die Metallbearbeitung unter den verschiedenen Maschinenarten die erste Stelle ein, was hier besonders interessieren dürfte. Die Zusammenstellung der Zahlen fußt auf den Produktions- und Ausfuhrangaben des ehemaligen Reichsamtes für wehrwirtschaftliche Planung. Soweit die Ausfuhrzahlen verfolgt werden, ist klar zu erkennen, welche Fertigungszweige die besten „Devisenbringer" sind. Natürlich läßt sich dieser Status durch Konjunkturveränderungen weitgehend beeinflussen, aber eine laufende Beobachtung des Marktes verhilft wenigstens dazu, daß diese frühzeitig genug wahrgenommen werden. Außerdem ist hinzuzufügen, daß es für eine Volkswirtschaft wie die deutsche, deren Devisenbilanz jedenfalls aktiv sein muß, dringend ratsam erscheint, das ganze Augenmerk auf die „Exportförderung" zu richten, damit die Voraussetzungen dafür geschaffen werden, mehr exportieren zu können als weniger importieren zu müssen. Um die marktwirtschaftliche Stellung der Industrie zu erkennen, seien schließlich noch einige, wenn auch ältere, Zahlen angeführt. Nach der Betriebsstättenzählung von 1933 hat es in der Deutschen Wirtschaft rd. 25,8 Millionen Beschäftigte gegeben, deren Gesamtumsatz rd. 140 Milliarden RM betrug. Der Größenordnung nach verteilten sich die Beschäftigten entsprechend Tafel 6.

Wirtschaftsgruppen	Beschäftigte	
	in Millionen	in %
Land- und Forstwirtschaft	11,3	44
Industrie und Handwerk	9,0	35
Handel und Verkehr	5,5	21
Gesamt	25,8	100

Tafel 6. Verteilung der Beschäftigten in der Deutschen Wirtschaft 1933

Hinsichtlich der Verteilung des Umsatzes ist zu sagen, daß auf den Handel allein 66 Milliarden RM kamen.

Überschaut man noch die Entwicklung des deutschen Werkzeugmaschinenbaues seit der Jahrhundertwende, so kann man feststellen, daß auf diesem Gebiet gewaltige Anstrengungen zur Steigerung seines Potentials gemacht worden sind. Von Interesse ist in diesem Zusammenhang, daß z. B. große Firmen wie Siemens und Bosch noch um 1900 herum vorwiegend amerikanische Werkzeugmaschinen, vor allem Revolverdrehbänke, Fräsmaschinen, Schnellbohrmaschinen, Schleifmaschinen und Automaten anschafften. Die amerikanischen Werkzeugmaschinenhersteller hatten sich rascher als die deutschen den höheren Schnittleistungen des Schnellstahles angepaßt und infolge der in der neuen Welt früher einsetzenden Mengenfertigung einen Vorsprung gegenüber den deutschen Werkzeugmaschinen erlangt. Diesen galt es nun so rasch als möglich aufzuholen. Im Kampf um das gemeinsame Ziel des deutschen Werkzeugmaschinenbaues, nämlich der amerikanischen Konkurrenz zu begegnen, schlossen sich namhafte Firmen im März 1898 in Frankfurt am Main unter Führung von Schieß, Düsseldorf, in dem „Verein Deutscher Werkzeugmaschinenfabriken" (VDW) zusammen. Dadurch sollten die Leistungen der Mitgliedsfirmen gesteigert und die Bedingungen dafür verbessert werden.

Was diese starke VDW-Organisation seit ihrem über 50jährigen Bestehen für ihre Industrie und die gesamte Wirtschaft geleistet hat, kann hier im einzelnen nicht näher erörtert werden; erwähnt sei nur: Förderung der technischen Entwicklung — Schaffung einheitlicher Preis- und Lieferbedingungen — Bildung von Fach- und Erfahrungsaustauschgruppen — Beschickung gemeinsamer Messen usw. Doch findet in der wechselnden Zahl der Mitgliedsfirmen die ganze Entwicklung des deutschen Werkzeugmaschinenbaues beredten Ausdruck:

Im Jahre 1918 = 300 VDW-Mitgliedsfirmen
„ „ 1923 = 450 „ „
„ „ 1928 = 300 „ „
„ „ 1950 = 500 „ „ (allein im Bundesgebiet)

Trotzdem geben diese Zahlen noch kein vollständiges Bild von den wirklichen Veränderungen in den Betrieben des deutschen Werkzeugmaschinebbaues. Haben doch in den Jahren 1923/27 nicht weniger als 239 Firmen den Bau von Werkzeugmaschinen aufgegeben bzw. ihre Selbständigkeit verloren. Damit waren natürlich nicht geringe Verluste an Geistesarbeit und Geld verbunden, die bei klarer Kenntnis der Marktverhältnisse hätten vermieden werden können; es wurden offenbar die Kriegsauswirkungen und die damit verbundene Absatzkrise u. a. m. nicht genügend beachtet. Wem daher die Prinzipien des Werkzeugmaschinenbaues nicht geläufig sind, möchte die Hände davon lassen. Der Bau von Werkzeugmaschinen stützt sich weniger auf eine strenge Wissenschaft als auf die schöpferische Tätigkeit des Erfinders, die Zuverlässigkeit und Geschicklichkeit der Arbeiter sowie die Organisationsarbeit des Kaufmanns. Zahlreiche Anregungen gehen zweifellos von den Arbeitern, insbesondere den Monteuren aus, wie andererseits vom Unternehmer im engsten Einvernehmen mit diesen Neuerungen durchgeführt werden. Nicht jeder Techniker, der vielleicht einige Jahre im Werkzeugmaschinenbau tätig war, sollte sich für befähigt halten, selbständig den Bau von Werkzeugmaschinen zu betreiben. Dafür sind eine Reihe von Gründen anzugeben:

1. Der konstruktive und sonstige Entwicklungsaufwand ist meistens relativ hoch und es dauert oft Jahre, bis eine Neukonstruktion wirklich ausgereift ist.
2. Die Marktverhältnisse sind schwer zu durchschauen und von der Konjunktur anderer Industriezweige abhängig.

3. Der Verkauf von Werkzeugmaschinen verlangt im allgemeinen besondere Fachkenntnisse.
4. Die Nutzdauer der Werkzeugmaschinen ist in der Regel langjährig, sie sind keine Verbrauchsgüter.
5. Die Gewinnquote des Werkzeugmaschinenbaues ist meistens gering.

So ist es auch zu verstehen, daß in Amerika die Entwicklung der Werkzeugmaschinenindustrie mehr nach plan-, zweck- und rechnungsmäßigen, von rationalistischen Erwägungen getragenen Verwirklichungen drängte. Der gegebene Weg dazu war die Vergrößerung des Betriebes bzw. die Zusammenfassung mehrerer Betriebe in einem Großunternehmen, was vor allem weitgehende finanzielle Möglichkeiten und den Vorteil des besseren Überblickes des Marktes bietet. Auf diese Weise entstand in Amerika eine starke Konzentration auf verhältnismäßig wenige namhafte Unternehmungen wie Cincinnati, Monarch, Warner & Swasey, Acme, Landis, Heald, Bryant usw. Hingegen haben sich in Deutschland — von der übergeordneten VDW-Organisation abgesehen — nur in Einzelfällen Firmen zur Förderung gemeinsamer Aufgaben zusammengeschlossen, wie z. B. die „Vereinigte Drehbank-Fabriken“ (VDF), die „Gemeinschaft Westdeutscher Bohrmaschinen-Fabriken“ (WEBO) und neuerdings die aus Ostdeutschland stammenden Firmen, welche die „Vereinigte Werkzeugmaschinenfabriken“ (VWF) gegründet haben.

Man würde sich aber einer vagen Hoffnung hingeben, wollte man von dem Potential des Werkzeugmaschinenbaues ohne weiteres einen Schluß auf die wirtschaftliche Ausnutzung der gelieferten Werkzeugmaschinen ziehen. Hierfür liegt uns ein erschreckendes Beispiel aus der Kriegszeit 1914/18 vor. Durch eine behördlicherseits veranlaßte Bestandsaufnahme der in Deutschland im Gebrauch befindlichen Werkzeugmaschinen wurde seinerzeit festgestellt, daß rd. 80000 Maschinen entweder unbenutzt oder entbehrlich waren. Verglichen mit der Zahl von 30000 Werkzeugmaschinen, die Anfang 1945 in der Berliner Werkzeugmaschinenindustrie vorhanden waren — nach der russischen Demontage waren es noch 85 Maschinen — ist das ein vielsagendes Resultat. Darum kann nicht nachdrücklich genug darauf hingewiesen werden, daß ohne zwingenden Grund keine Werkzeugmaschine im Betrieb stillstehen sollte. Gewiß haben wir unter dem Druck der wirtschaftlichen Notwendigkeiten, unter dem Druck der Produktionstechnik und dem Druck der Technik und der Wirtschaft überhaupt inzwischen gelernt, auf solche Dinge mehr zu achten. Das schließt aber nicht aus, daß im Gedränge des Alltags doch zuweilen der bessere Blick für die Wirtschaftlichkeit geblendet wird.

2. Allgemeine Grundlagen der Werkzeugmaschinen

21 Aus der geschichtlichen Entwicklung

Wenn wir auf die Vergangenheit zurückblicken, stoßen wir zuweilen auf Dinge, die uns verwirrend erscheinen. Wir sind zu sehr gewohnt, die menschliche Geschichte mit den äußeren Ereignissen verknüpft zu sehen. So hat man sie uns gelehrt, so entspricht es meistens der Geschichtsforschung, und dabei steht im Vordergrund, was etwa Fürsten getan haben, was Staatsmänner, Politiker und Wirtschaftler taten, was Heerführer vollbrachten und was in Revolutionen geschah. Bedenkt man aber recht, so haben in den letzten Jahrhunderten viel leisere Bewegungen des menschlichen Erkennens die Geschichte und damit unser Schicksal bestimmt. Die Geschichte vollzieht sich immer in zwei Entwicklungsstufen, nämlich derjenigen der inneren sozusagen geistigen Inkubation, und derjenigen der äußeren, materiellen Realisierung. In der Regel wird lange Zeit vorher gesät, was nachfolgende Geschlechter ernten. Um das zu verdeutlichen, sei hier erwähnt: die Werke von Leonardo da Vinci — „Erfinder und Mittler zwischen der Natur und den Menschen“ —, Erkenntnisse wie die Galileis und Newtons und was sich darauf aufbaute, haben die Welt mehr verändert, unser Schicksal stärker beeinflußt, das Denken unserer Generation wirksamer geformt, als viele Kriege, Revolutionen und das jahrhundertelange politische Hin und Her, die nur Folgeerscheinungen, äußere Zeichen von inneren Wandlungen sind. Darüber ausführlicher zu werden, wie die Erkenntnisse der Natur und die darauf gegründete Technik die menschlichen Lebensbedingungen und den Habitus des Menschen selbst veränderten, kann nicht Sache dieser Abhandlung sein.

Fragen wir nach den Triebkräften der Geschichte, dem Motor der Entwicklung, so können darauf unzählige Antworten gegeben werden. Am Anfang dieses Jahrhunderts wurde z. B. gelehrt, daß es ein Gesetz der Geschichte gäbe, das „Fortschritt“ heiße. Seither hat sich diese Auffassung wesentlich geändert und der Glaube an den absoluten Fortschritt ist verloren gegangen, aber auch schon Voltaire vertrat den Standpunkt, daß es eine allgemeine Gesetzmäßigkeit in der Geschichte nicht gäbe. Zur selben Zeit (1745) faßte Montesquieu seine Geschichtsauffassung in den wenigen Worten zusammen: „Die Gesamtsituation bedingt alle Einzelerscheinungen“, und Turgot sprach den seinerzeit modernen Gedanken aus: „Alle Epochen sind durch eine Kette von Ursachen und Wirkungen miteinander verbunden, die die Gegenwart mit allem verknüpft, was ihr vorangegangen ist“. Wir möchten meinen, daß die Menschheit — wie sich noch zeigen wird — längst alles empfangen hat, was der Weltenschöpfer ihr zu geben hat, und sie das Empfangene nur immer wieder in neuen Formen erkennen und verarbeiten muß. Doch hinter allem, was geschieht, steht schließlich der Geist, und so muß die Geschichte in erster Linie den menschlichen Geist zum Gegenstand haben. Es ist daher weniger wichtig festzustellen, aus welcher Familie die eine oder andere geschichtliche Persönlichkeit stammt, als zu wissen, durch welche Stufen die Menschheit von den primitiven Lebensformen zur Zivilisation unserer Epoche gegangen ist. Nach dem Schicksal des Geistes müssen wir also fragen und danach, wie die Menschheit zur heutigen Zivilisation gelangte. Denn was nützt aller Fortschritt, wie ihn beispielsweise das 19. Jahrhundert in einzigartiger Weise aufzuweisen hat, wenn daneben das Geistesleben einer zunehmenden Vergröberung und Auflösung verfällt? Die Folgen hat dann das nächste Jahrhundert zu tragen! Nur durch den Kampf der menschlichen Vernunft mit der „ungebändigten" Natur entstehen kulturelle Leistungen. Niemand ist aber mehr berufen als die Wissenschaftler der Natur und Technik, diesen Kampf zu führen. Mit der Erweiterung der Macht über die Natur durch eine Ausbildung der Technik und des Verkehrs erreicht erst der Geist die dominierende Rolle bei der Höherentwicklung der menschlichen Lebensformen. Weil dem so ist, sollte der Techniker und Naturwissenschaftler auch mit der forschenden Erkenntnisarbeit der Geisteswissenschaftler einigermaßen vertraut sein, denn ohne sie tappt er im Dunklen und verliert die Gesamtorientierung. Damit ist die Streitfrage, ob den Geistes- oder den Naturwissenschaften bei der Förderung des allgemeinen Kulturfortschrittes der Vortritt gebührt, ausgeschaltet.

Worauf es bei unserer geschichtlichen Besinnung ankommt, ist, daß jene Voraussetzungen und Bedingungen untersucht werden, aus welchen die Technik erst möglich ist — Leibnitz würde sagen „ihre Bestandteile, ihre Requisiten". Diese werden aber gewöhnlich, obwohl sie die Wurzel der Dinge sind, kaum bemerkt. Hingegen besteht kein Zweifel darüber, daß, wenn es keine menschliche Vernunft gäbe, durch Erfahrung gewitzigt, der Mensch auch nicht in der Lage wäre, dauernd neue Beziehungen zwischen den Dingen zu entdecken und sich technisch zu betätigen, um seine Bedürfnisse zu befriedigen. Gerade dies läßt erkennen, daß nicht die geschichtlichen Bewegungen als solche das „Absolute" darstellen, sondern die menschliche Vernunft. Würde sich die Menschheit mehr ihrer Vernunft „richtig" bedienen, so gäbe es weit weniger Konflikte in der Welt als es tatsächlich der Fall ist. Darum erscheint auch der Gedanke abwegig, die Entwicklung der menschlichen Gesellschaft auf Vorgänge zurückzuführen, die außerhalb des gesellschaftlichen Bewußtseins liegen, d. h. aus der materiellen Welt hervorgerufen werden. Vielleicht ist ebenso die Bemerkung beachtenswert: der Mensch ist als historisches Individuum in sich gespalten. Sein vernünftiges Ich steht stets im Kampf mit seinem unvernünftigen oder, wie Goethe sagt: „Zwei Seelen spür ich, ach, in meiner Brust". Danach rückt der Mensch mit allen seinen Interessen und Leidenschaften als handelndes Subjekt der Geschichte in den Mittelpunkt, ohne Rücksicht auf die bewußte Vernünftigkeit seines Wollens. Oft genug bewirkt der Mensch sogar gegen seinen Willen den Fortschritt. Man kann daraus den Schluß ziehen, daß jeder Mensch Geschichte macht, es ist nur die Frage, ob sie positiv oder negativ ist.

Bei allem Meinungsstreit über die geschichtliche Gesetzmäßigkeit dürfte wohl das von dem Historiker Toynbee formulierte Gesetz, das besonders auf die geschichtliche Rolle des Menschen Bezug nimmt, der Sache am nächsten kommen: „Das Grundgesetz der Geschichte ist Herausforderung und Antwort". Jeden Augenblick wird der Mensch herausgefordert, aber es liegt an ihm, wie er darauf antwortet und ob er überhaupt antworten kann. Tut er es in positivem Sinne, so stellt er sich in den geschichtlichen Ablauf und nimmt an dem ständigen Wiederaufbau der Welt teil. Verhält er sich aber negativ und läßt die anderen handeln, so macht er sich dem geschichtlichen Geschehen gegenüber dadurch mitschuldig, daß er die Dinge eben passieren läßt. Daher kann sich kein Mensch aus der Geschichte heraushalten. Das Wichtigste bei all diesen Betrachtungen ist im Hinblick auf unser eigentliches Thema, zu bemerken, daß der Mensch grundsätzlich größere oder geringere Fähigkeiten für die Technik besitzt, die er gewollt oder ungewollt zur Befriedigung seiner Lebensnotwendigkeiten einsetzt. Indessen kann sich die technische Fähigkeit nur bilden, wenn ein Lebensplan, eine schöpferische Idee vorliegt; andernfalls wird das Denken zu einer sinnlosen mechanischen Funktion ohne Orientierung. Im Sinne Toynbees ist schließlich der Träger der „Antwort" auf die Herausforderung durch das Leben entweder individueller Schöpfer oder schöpferische Minderheit, die so viel ansteckende Kraft haben müssen, daß sie andere innerlich mitreißen können. Dabei ist die schöpferische Kraft nicht nur inspiriert, sondern zugleich auch inspirierend. Nebenbei bemerkt unterscheidet sich der Mensch von allen anderen Lebewesen eben durch die Neigung zum Schöpferischen, den Trieb, Neues zu schaffen; auch wenn es nicht immer echte Schöpfungen sind, so ergeben sich doch bahnbrechende Leistungen.

Gewiß ist hier nicht der Platz, um die Weltgeschichte im ganzen zu interpretieren; aber ist das Verständnis für die Maschine nicht gerade deshalb so mangelhaft, weil sich die meisten Menschen und besonders die Techniker zu wenig um die großen Zusammenhänge kümmern? Eine auf das technische und wirtschaftliche Geschehen begrenzte geschichtliche Untersuchung würde vielleicht ausriechen die geschichtlichen Ereignisse zu erklären. Von einer gründlichen wissenschaftlichen Geschichtsbetrachtung wird jedoch erwartet, daß sie sich nicht nur auf das „Verwirklichte" beschränkt, sondern auch das „Verwirklichbare", d. h. die menschliche Welt und ihre Möglichkeiten zu erklären versucht. Für die Praxis ist es allerdings wichtiger, die Welt zu verändern, als sie zu interpretieren. Wollen wir jedoch den Sinn der Maschine begreifen, um wieder unserem eigentlichen Thema zu folgen, so müssen wir die Wirklichkeit von gestern kennen; und die Geschichte

a) 6000 v. Chr.
(Neolithikum)

b) 2000 v. Chr.
(Ägypten)

c) 1950 n. Chr.
(Gegenwart)

Bild 5. Bohren im Altertum und in der Gegenwart

der letzten 150 Jahre wird nur verstehen, wer die Entstehung der ersten Maschine begriffen hat. Deswegen ist es notwendig, hier darüber Klarheit zu schaffen, wie sich die Fertigungsmaschinen überhaupt entwickelt haben, was mehr bedeutet als geschichtliche Überlieferung.

Aus der Geschichte der Entwicklung dieser Maschinen entnehmen wir einen erheblichen Teil der Kulturgeschichte während vieler Jahrtausende. Was uns an vorgeschichtlichen Geräten überliefert ist, kann allerdings nur bedingt mit den heutigen Schöpfungen verglichen werden, doch zeigt auch die vorzeitliche Technik in ihrer primitiven Form (Bild 5) bereits Grundtendenzen, die nicht übersehen werden sollten. Zur Orientierung darüber sei den altertümlichen Maschinen eine moderne Bohrmaschine mit automatischer Vorschubschaltung, die also selbsttätig arbeitet, im Bilde gegenübergestellt. Schon bei den ursprünglichen Fertigungsgeräten, wie sie in der jüngeren Steinzeit und von den Ägyptern verwendet wurden, spielte das Antriebsproblem eine wichtige Rolle. Im vorliegenden Falle bediente man sich einer Art Violinbogen (Fiedelbogen-Antrieb), mit welchem das Werkzeug zum Durchbohren von Löchern in Rotation versetzt wird.

Da die vorzeitliche Kulturentwicklung bis in die jüngere Steinzeit (Neolithikum) zurückreicht, möchte zur flüchtigen Aufhellung der Geschichtskenntnis ein kurzer Überblick über den chronologischen Ablauf der Kulturentwicklung hier eingefügt werden:

Jüngere Steinzeit......	ca. 8000 bis 4000 v. Chr.
Ägypten	„ 3000 „ 1250 „ „
Griechenland	„ 1000 „ 350 „ „
Deutschland	„ 800 n. Chr. bis zur Gegenwart.

Tatsächlich benutzten bereits die Menschen des Neolithikums, also vor über 6000 Jahren, neben einer Sägevorrichtung, um dem Rohmaterial die nötige Vorform zu geben, eine gleichartige Maschine wie die Ägypter zum Lochen ihrer Werkzeuge aus Gestein, nur, daß der Violinbogen von zwei Menschen betätigt wurde und diese bei der Arbeit in einer wenig bequemen Körperhaltung am Boden sitzen mußten.

Am Anfang steht somit als Kraftquelle die Muskelenergie des Menschen zur Verfügung, weshalb diese Zeit auch durch Sklavenarbeit gekennzeichnet ist. Grundsätzlich hat sich an der Methode des Bohrens viele Jahrtausende nichts geändert, lediglich, daß die Menschen im Laufe der Zeit die Körperhaltung bei der Arbeit verbesserten. Das ist aber ein Fortschrittsgedanke, der nicht minder heute gilt; denn man ist einst wie jetzt bestrebt, die zweckmäßigste

Höhenlage des Arbeitsplatzes einzuhalten. Was den Antrieb anlangt, so hat sich der Fuß- und Handbetrieb bis in die neue Zeit erhalten. Fernerhin ist bemerkenswert, daß in der jüngeren Steinzeit auch die „Ur-Berufe" entstanden und sie die Periode der Gemeinschaftsbildung überhaupt ist. Die Entstehung des „Ur-Handwerks" kann hingegen bis in die ältere Steinzeit zurückverfolgt werden. Zu den vier Ur-Berufen gehören überdies die Jäger, Tierzüchter, Ackerbauer und die Händler, welch letztere besonders zur Kulturverbreitung beigetragen haben. Als die schönsten Leistungen des steinzeitlichen Handwerks sind neben den geschliffenen und gelochten Steinwerkzeugen die schon fortgeschrittenen Formgebungen der Töpferei zu bezeichnen, wofür bereits im Altertum Drehstühle gebaut wurden, damit sich die Töpfe bei ihrer Herstellung möglichst gleichmäßig drehten. Auch kannten nachweislich schon die Ägypter die Drehbank und Griechenland um 387 v. Chr., also zur Zeit Platons, die Lagerzapfen aus Stahl, etwa 50 Jahre später das Zahnrad und weitere 100 Jahre danach das Einschleifen von Kolben in bronzene Zylinder. Diese wenigen Beispiele aus dem Altertum dürften deutlich zeigen, wie alt das Streben des Menschen nach einer maschinellen Fertigungsweise ist.

Offensichtlich läuft der ganze Fortschritt im Bereich des technischen Schaffens im wesentlichen auf eine Verfeinerung der Arbeitsweisen hinaus, während deren Grundformen uralt sind. Wirkliche Fortschritte sind verhältnismäßig selten, auch wenn noch soviel darüber gesprochen wird. Immer ist der Fortschritt an bestimmte Wesensmerkmale des Menschen gebunden. Das hier Festgehaltene bedarf keiner besonderen Rechtfertigung, es entspricht einfach dem Bedürfnis, für die heutigen technischen Schöpfungen den eigentlichen Ursprung aufzuweisen. An der Lebensgesinnung des Menschen hat sich indes im Wandel der Zeit wenig geändert, sie war immer auf das „Nützliche" gerichtet, und wer sich etwa besonders gut auf die Technik der Steinverarbeitung verstand, besaß eben ausgesprochene handwerkliche Fähigkeiten, wie es heute analog bei dem Metall-Bearbeiter zutrifft, gleichwohl die Bewußtseinsverfassung eine andere geworden ist.

Wie aber der in der gegenwärtigen Kulturstufe stehende Mensch der Schulung bedarf, um die Grundelemente der vorhandenen Kulturen in sich aufzunehmen, so hatten auch die vorzeitlichen Menschen einen Elementarunterricht nötig, und von den Römern wird berichtet, daß sie bereits Ingenieurschulen hatten. Man darf jedenfalls nicht außer acht lassen, daß der Mensch grundsätzlich ein denkendes und selbstbegabtes Wesen mit eingeborenem Geist ist; selbstverständlich muß dabei der jeweilige Stand der Entwicklung berücksichtigt werden. Gegenüber dem Tier verfügt er über „geistige Kräfte“, mit denen er seine Leistungen mittels seiner Hände vollbringt, sie sind sein Eigenes, er bringt diese Anlage in das Erdenleben mit und vermag sie zu steigern und zu entwickeln. Sehr beachtlich ist in diesem Zusammenhang auch die Feststellung, daß seit der Steinzeit keine neuen Rassen mehr entstanden sind. Schenken wir daher noch den anthropologischen Forschungsergebnissen ein kurzes Augenmerk, so lehrt uns die moderne Schädellehre (Craniologie), daß nicht zuletzt aus den typischen Schädelformen gewisse Rückschlüsse auf bestimmte Eigenschaften ihrer Träger zu ziehen sind, die sich in die menschlichen Kulturschöpfungen, wie z. B. auch in die Werkzeug- und Maschinengestaltungen, hineinverwandelt haben.

Verlassen wir den altertümlichen Entwicklungsstand der Technik und wenden uns nun dem Mittelalter zu, das ganz anders geartet ist. Dieses zeichnet sich besonders dadurch aus, daß es offenbar mehr vom zufälligen Experimentieren erfüllt ist. Danach haben wir es hier mit einer gewissen Übergangs- bzw. Zwischenepoche zu tun, die aber die Grundlagen schuf, für die spätere um so stärkere Entfaltung der Technik. Am Rande muß in diesem Zusammenhang auch Gutenbergs Werk, der Buchdruckkunst (ca. 1450), gedacht werden, denn mit ihr wurden erst die Pforten des Wissens und des Gedankenaustausches geöffnet. Aber nicht immer nahm die technische Entwicklung einen fortschreitenden Verlauf und es gingen die prachtvollsten Techniken manchmal wieder verloren; sie verschwanden dann unter Umständen vollständig und wurden vielleicht erst viele Jahrhunderte später gewissermaßen neu entdeckt.

Der markanteste Vertreter der mittelalterlichen Technik ist zweifellos Leonardo da Vinci, „Architekt und Generalingenieur“, wie ihn Cesare Borgia (1502) titulierte. Die Technik gehörte seinerzeit, wie schon seit dem 3. Jahrhundert, zu den „Künsten“, deren praktische Aufgabe im Bau von Flaschenzügen zum Heben großer Lasten, Wurfmaschinen für Kriegszwecke und „eigentlichen“ Maschinen zur Förderung von Wasser aus großer Tiefe bestand. Ungeheuer umfangreich sind die von Leonardo da Vinci aufgegriffenen technischen Probleme und seine technischen Erfindungen, die vielfach erst Jahrhunderte später von anderen nacherfunden wurden und dann zur allgemeinen Einführung gelangten. Sehr wertvoll ist vor allem der Beitrag, den er für die Entwicklung des Werkzeugmaschinenbaues geleistet hat, was hier besonders hervorzuheben ist. Er reformierte die Drehbank, die bis dahin noch immer, wie die Bohrmaschinen des Altertums, mittels Fiedelbogen angetrieben wurde. Aus der Erkenntnis, daß bei dieser Antriebsart 50% durch Leerlauf verloren geht, untersuchte Leonardo seine Maschinen erstmalig auf ihren ökonomischen Wirkungsgrad, er ist dadurch zum Entdecker des Wirkungsgrades überhaupt geworden und kam auf diese Weise zu neuen Konstruktionen wie Tretwerk, Kurbel, Schwungrad, Mitnehmer und Spindelstock. Neben der Drehbank beschäftigte er sich mit Bohrwerken und Schleifmaschinen, die vielfach in Skizzen festgehalten sind. Und nachdem er Ende des 15. Jahrhunderts in Not geraten war, wandte er sich der Mechanisierung der Mailänder Industrie zu. Er konstruierte nunmehr Webstühle, Spinnmaschinen,

Bild 6. Nadelschleifmaschine nach Leonardo da Vinci (1496)

Tuchmachermaschinen und für die Metallbearbeitung Walzwerke, Rollenlager und unter anderem eine Nadelschleifmaschine, die noch heute als Vorbild dienen kann. Diese Nadelmaschine hat in neuerer Zeit besondere Bedeutung erlangt und wurde nach den Zeichnungen Leonardos von der Firma Ferdinand Schmetz 1952 naturgetreu als Modell nachgebaut und der TH. Aachen übereignet. (Bild 6).

Unbestreitbar ist Leonardo da Vinci mit dieser Konstruktion seiner Zeit weit vorausgeeilt, denn erst im 19. Jahrhundert wurden in der Nadelfabrikation Maschinen in größerem Umfange eingeführt, und das automatische Schleifen von Nadeln kam erst um 1900 auf. Wie bei allen Maschinen aus jener Zeit und in den nachfolgenden 300 Jahren besteht das Gestell aus Holz. Die Schleifscheibe ist als Ring ausgebildet und wird mittels eines Pedals in Drehung versetzt, ebenso gehoben und gesenkt, wodurch eine Bewegung entsteht, die für den erwünschten Nadelspitzenbogen wichtig erscheint. Die Drehzahl der Scheibe wird mit 120 U/min. angenommen, was einer Umfangsgeschwindigkeit von 5 m/sec. entspricht. Mit Hilfe der Einstiche auf der über der Schleifscheibe befindlichen Kurbel läßt sich die Nadelspitzenwölbung regulieren, indem sich die Scheibe mehr oder

Bild 7. Moderne Nadelmaschine nach Ferdinand Schmetz (1950)

minder hebt und senkt. Die dafür notwendige Kraft geht vom Fußhebel aus und wird über ein Seil, das in den entsprechenden Kurbeleinstich eingehängt ist, auf die Kurbel übertragen. Von vielen Seiten umstritten ist die „Nadelrollvorrichtung" auf der Vorderseite des Maschinentisches. Bei dem in Bild 6 gezeigten Modell ist sie mit einem besonders angetriebenen endlosen Riemen ausgeführt. Andererseits ist zu vermuten, daß Leonardo da Vinci ursprünglich die

Nadeln zwischen zwei Balken rollen wollte. Wie dem auch sei, der Zweck der Nadelrollvorrichtung ist, die Nadeln beim Schleifen in eine Drehung von 2000 bis 4000 U/min. zu versetzen. Überspringen wir nun aber in diesem Zusammenhang 450 Jahre Entwicklungszeit und betrachten zum Vergleich eine ebenfalls von der Nadelfabrik Ferdinand Schmetz im Jahre 1950 gebaute Nadelmaschine (Bild 7).

Tatsächlich ist es erst in jüngster Zeit gelungen, die Forderungen, die schon Leonardo da Vinci an den richtigen Spitzenschliff stellte, zu erfüllen. Der Fortschritt besteht vor allem darin, daß die Rollvorrichtung nach den Ideen von Leonardo die Nadeln einwandfrei zur Seite rollt und dabei die Achsrichtung durch besondere Führungen aufrechterhält. Ebenso sind andere Verbesserungen in der Nähmaschinennadel-Fabrikation, die in den letzten Jahrzehnten durchgeführt wurden, auf Anregungen von Leonardo zurückzuführen. Leider können wir hier die in Bild 7 gezeigte Maschine nicht näher besprechen, und wir müssen uns mit dem bildmäßigen Vergleich begnügen. Dennoch ist unschwer zu erkennen, daß der technische Aufwand für die Lösung ein und derselben Aufgabe bei einer neuzeitlichen Maschine gegenüber der mittelalterlichen weit größer ist. Es sei darum mit voller Absicht an den Ausspruch von Jakob Burckhardt erinnert:

„Die ungeheuren Umrisse von Leonardos Wesen wird man nur von ferne ahnen können".

Indessen scheint Leonardo da Vinci mit vielen seiner Konstruktionen bei seinen Zeitgenossen auf große Widerstände gestoßen zu sein. Wieviele seiner Ideen überhaupt verwirklicht worden sind, ist schwerlich festzustellen. Immerhin erscheint es ungewöhnlich, daß er für seine Nadelschleifmaschine bereits eine Stundenleistung von 40000 Stück errechnet haben soll, die man kaum heutigentags verlangt, aber nicht vor 450 Jahren diskutiert haben dürfte.

An beachtenswerten Ansätzen zur Weiterentwicklung derartiger Fertigungsmaschinen hat es nach Leonardos Tod sicher nicht gefehlt. Aber durch die Geheimniskrämerei der früheren Handwerker ist lange Zeit wenig über die weiteren Verbesserungen bekannt geworden. Erst im Jahre 1701 erschien in Lyon ein Lehrbuch über die Drehbank von Charles Plumier. Weiter erschlossen wurde der Stand des technischen Wissens im 18. Jahrhundert durch das 1751 erschienene Werk der „Encyclopédie" der Franzosen Diderot und d'Alembert. Zur gleichen Zeit benutzte man in Frankreich, dem klassischen Land der Mechanik, schon wesentlich verbesserte Drehbankkonstruktionen (Bild 8). Gegenüber unseren modernen Maschinen

a) Gewindedrehen mit Handstahl (1750)

b) Moderne Leitspindel-Drehbank zum Gewindedrehen (1950)

Bild 8. Das Gewindedrehen „einst und jetzt"

ist der Unterschied aber noch gewaltig, wie der Bildvergleich zeigt. Der Fiedelbogen ist an der französischen Maschine wie bei Leonardo durch einen Pedal-Antrieb ersetzt, das freie Ende des Antriebseiles wird von einem an der Decke befestigten elastischen Balken gehalten. Da die Drehbank auch zum Schneiden von Gewinden dient, ist die Maschine mit einem zusätzlichen Antrieb ausgerüstet, der unter Verwendung von Kurbel, Schwungrad und Schwinge den Rücklauf des Werkstückes und somit erst das Gewindeschneiden ermöglicht. Gewinde waren bisher auf die primitivste Weise mit Hilfe der Feile nach Lineal, Bandmaß und Zirkel hergestellt worden (Bild 9).

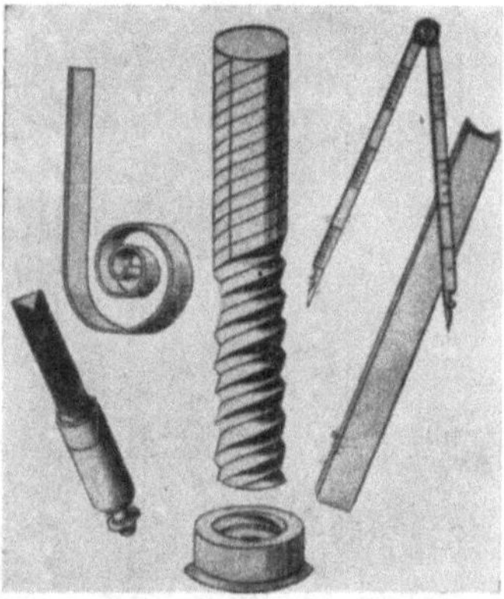

Bild 9. Gewindeherstellung im 16. Jahrh.

Man riß die Gewindegänge dazu erst einmal am Werkstück auf und feilte sie danach aus. Einen wesentlichen Fortschritt stellt zweifellos die Einführung des „Kreuzsupportes" bei der Drehbank (Bild 10) dar. Diese Maschine mit Kurbelantrieb, Vorgelege und Kreuzsupport ist, verglichen mit den vorangegangenen Konstruktionen, als wirkliche Neuheit zu bezeichnen. Sie ist gewissermaßen eine „Kopfdrehbank" und wurde seinerzeit vorwiegend von Goldschmieden verwendet, die für die Bearbeitung ihrer Metalle eine höhere Drehzahl als sonst üblich benötigten. Im übrigen sind bei den bisher besprochenen Drehbänken immer noch zwei Menschen zur Bedienung der Maschine, natürlich abgesehen von den zum Vergleich gezeigten modernen Maschinen, erforderlich.

Bild 10. Drehbank mit mechanischem Antrieb und Kreuzsupport (1750)

Am Ende dieser Entwicklungsstufe ist noch auf das von dem Schlosser Nicolas Focq zu Maubeuge aufgestellte Zylinder-Hobelwerk (Bild 11) hinzuweisen, welches sich mit dem heute üblichen Zylinder-Bohrwerk vergleichen läßt.

Als besondere Merkmale der Focq-Maschine sind zu nennen: Einmannbedienung, Kurbelantrieb, sinnvolle Umformung der Dreh- in eine Längsbewegung mittels Zahnrädern, Deckenvorgelege usw. Dazu verdient hervorgehoben zu werden, daß es sich schon um die Bearbeitung eines verhältnismäßig schweren Werkstückes handelt. Der Zylinder ruht auf einem prismatischen Maschinentisch, während der Hobelstahl, an einer Stange befestigt und mittels eines Seilzuges von der großen Seilscheibe angetrieben, in der Zylinderbohrung hin- und herbewegt wird. Nach jedem Arbeitshub muß der Zylinder um die Spanbreite weitergedreht werden. Bei dem im Bild daneben gezeigten Zylinder-Bohrwerk steht das Werkstück gleichfalls fest und das Ausbohren erfolgt mittels eines Bohrkopfes, der fest auf der drehbaren Bohrstange sitzt, so daß der Vorschub durch die selbsttätige Längsverschiebung der Bohrstange geschieht, gleichzeitig werden die Stirnseiten des Zylinders plangedreht. Andere Zylinderbohrwerke arbeiten mit verschiebbaren Bohrköpfen, wobei die Bohrstange keine Längsbewegung braucht. Über das Für und Wider dieser beiden Ausführungen soll hier nicht weiter diskutiert werden.

Von jetzt an folgen die Verbesserungen an Werkzeugen und Bearbeitungsmaschinen in immer kürzeren Zeitabständen, aber der

a) Zylinder-Hobelwerk (1751)

b) Zylinder-Bohrwerk (1951)

Bild 11. Bohrungsbearbeitung bei großen Zylindern

Schwerpunkt der Entwicklung verlagert sich nun nach **England**, wo mit dem Aufkommen der Dampfmaschine ein neues Zeitalter ausgelöst wurde. Betrachten wir also nunmehr die allgemeine Entwicklung der Werkzeugmaschinen in der sogenannten „**Neuzeit**“, wie wir sie heute verstehen. Sie beginnt in Übereinstimmung mit der Industrialisierung. Als die erste eigentliche Produktionsmaschine, mit welcher die Umwälzung eingeleitet wurde, ist jedoch der 1783/86 von Cartwright gebaute mechanische Webstuhl anzusehen. Mit seiner Hilfe wurde zum erstenmal selbsttätig ein Gegenstand erzeugt, es entstand die **Fabrikation**. Aber nicht die Lust am Erfinden allein trieb zu diesem Schritt, sondern der Zwang der Verhältnisse, der Mangel an Arbeitshänden, die nicht mehr ausreichten, um den mit der außerordentlichen Zunahme der Bevölkerungszahl immer mehr gewachsenen Bedarf zu befriedigen.

Bald genügten auch die Muskelkräfte nicht mehr als Antriebsquelle für die immer größer gewordenen Maschinen. Die wenig später ebenfalls in England erfundene **Dampfmaschine** brachte hier Abhilfe und vervielfachte zudem in der Folgezeit die Gütererzeugung, überzog die Länder mit Eisenbahnnetzen, überwand die Seewege durch schnelle Schiffe und brachte die Völker einander näher. Um aber Textil- und Kraftmaschinen bauen zu können, waren Werkzeugmaschinen notwendig. Anfänglich entstanden diese in der Schmiede, die noch heute in manchen Werken als Urzelle des Betriebes gilt, sofern sie nicht, wie speziell im Werkzeugmaschinenbau, durch die Gießerei verdrängt wurde. Jedoch ist man in neuerer Zeit wieder vielfach zur Stahlbauweise zurückgekehrt, wobei sich allerdings die Bearbeitungsmethoden gegenüber der Hochzeit der „Schmiedekunst“ geändert haben.

Durch die **Erzeugnisse der Schmiede** wurde anfänglich erst der Bau weiterer Maschinen möglich und umgekehrt konnte die Schmiede durch diese wiederum vollkommenere Schmiedeeinrichtungen erhalten. So stützt sich die Entwicklung der Werkzeugmaschine, wie schon früher ausgeführt wurde, auf dauernde Wechselbeziehungen mit anderen Zweigen der Technik. Gewiß gibt es auch viele Entdeckungen und Erfindungen, die oft geradezu von dem praktischen Ziel wegführen oder zuweilen gar keine Verbindung mit ihm haben. Beispielsweise gab es für Guericke, Papin und andere Entdecker von Naturgesetzen, welche die Voraussetzungen für die Dampfmaschine geschaffen haben, noch kein Bedürfnis, das Dampfmaschine hieß. Auch Faraday konnte nicht ahnen, daß einmal die elektrische Energie zum verbreitetsten Antrieb mechanischer Geräte und Maschinen bis hin zum „Motor in der Hand“ werden könnte. Nicht anders erging es vielen Erfindern des Werkzeugmaschinenbaues, die erst mit der Einführung ihrer Erzeugnisse und Arbeitsmethoden den Bedarf dafür geschaffen haben.

Wie gesagt, übernimmt England um die Wende des 19. Jahrhunderts die Führung im Werkzeugmaschinenbau. Bald folgte darin Amerika, während Deutschland erst um 1850 mit dem Bau eigener Werkzeugmaschinen beginnt und dann längere Zeit seine Konstruktionen nach englischen und amerikanischen Vorbildern entwickelt. Aber schon Ende der 70er Jahre hatte der deutsche Werkzeugmaschinenbau den englischen überholt. Unabhängig vom Ausland wurde Deutschland zunächst auf dem Gebiete der schweren Maschinen, insbesondere der Blechbearbeitungsmaschinen, wie sie vorwiegend für den Schiffsbau gebraucht werden. Dann folgten Anfang dieses Jahrhunderts die leichten und mittleren Genauigkeitsmaschinen, anschließend die Revolverdrehbänke, Automaten und zuletzt die Schleifmaschinen. Nur in der Herstellung von Bearbeitungsmaschinen für ausgesprochene Mengenfertigung blieb Amerika bis zum heutigen Tage führend, was eben durch die ganz anders gearteten Wirtschaftsverhältnisse, verglichen mit den europäischen, bedingt ist. Besonders ist in bezug auf die Blechverarbeitungsmaschi-

Werkzeugmaschinen-Arten	Werkzeugmaschinen-Anteil in %		
	Amerika	Rußland	Deutschl.
Drehbänke	24	45	24
Drehautomaten	7	2	3
Hobelmaschinen	6	8	3
Fräsmaschinen	12	8	22
Bohrmaschinen, Fräs- und Bohrwerke	21	22	18
Schleifmaschinen	21	6	18
Zahnradbearbeitungs-Maschinen	2	1	4
Trennmaschinen	4	3	2
Sonstige Maschinen	3	5	6
Gesamt	100	100	100

Tafel 7. Prozentuale Verteilung der Werkzeugmaschinen-Arten in verschiedenen Ländern (1935)

nen hervorzuheben, daß diese in Amerika von jeher eine weit größere Verbreitung gefunden haben, als bei uns. Im Jahre 1924 dienten z. B. in Amerika 40% aller Werkzeugmaschinen der Blechverarbeitung, während es in Deutschland zu dieser Zeit nur etwa 7% waren. Grundsätzlich ist der Entwicklungsstand der metallverarbeitenden Industrie mehr oder weniger an den Arten der verwendeten Werkzeugmaschinen zu ermessen. Die Zahlentafel 7, in welcher der diesbezügliche Stand in den 30er Jahren festgestellt ist, gibt darüber interessante Aufschlüsse.

Fassen wir die Extremwerte ins Auge, so benutzt die UdSSR-Industrie im Vergleich mit den amerikanischen und deutschen Betrieben fast doppelt soviel Drehbänke wie diese. An Automaten laufen in Deutschland prozentual nur die Hälfte und in Rußland kaum ein Drittel solcher Werkzeugmaschinen wie in Amerika. Hingegen dominiert Deutschland bei den Fräsmaschinen, und tatsächlich war auch 1950 bei uns die Fräsmaschine die meistgefragte Werkzeugmaschine, obwohl die Räummaschine bei der Bearbeitung größerer Stückzahlen weit wirtschaftlicher ist, denn es kann die Produktion von etwa 6—8 Fräsmaschinen von einer Räummaschine geleistet werden. Entsprechend der größeren Fertigungsmengen in Amerika wird deshalb die Räummaschine dort in viel größerem Umfange verwendet als bei uns, womit auch der verhältnismäßig niedere Prozentsatz der Fräsmaschinen in Amerika zu erklären ist.

Bild 12. Gegenüberstellung von Handdrehbank und Maudslay-Supportdrehbank (1800)

Wollen wir uns nun den markantesten Maschinengestaltungen aus der Entwicklungsreihe der Grund-Maschinen-Typen, wie sie im Laufe des 19. Jahrhunderts entstanden sind, zuwenden, ohne dabei tiefer in die konstruktiven Details zu gehen. Um 1800 schuf Maudslay die sogenannte „Support-Drehbank" (Bild 12).

Zum erstenmal ist hier der Riemenantrieb von der Decke zu sehen. Offenbar wird bei der zeitgenössischen Darstellung besonderer Wert auf die Arbeitserleichterung gelegt, denn während beim Drehen mit dem Handstahl das Werkzeug dauernd gehalten und geführt werden muß, übernimmt bei der neuen Maschine der Support diese Funktionen. Der Vorschub des Schneidstahles erfolgt selbsttätig, so daß der Dreher von allen Kraftleistungen entlastet ist. Ferner besteht die neue Maschine aus Gußeisen und das Bett hat zwangsläufige prismatische Gradführungen, was wesentlich zur Erhöhung der Arbeitsgenauigkeit beiträgt. Die nächste Entwicklungsstufe führte von der einfachen Support-Drehbank zur Leitspindeldrehbank, welche zu jener Zeit gleichfalls von Maudslay entwickelt wurde. Dadurch erfuhr vor allem die Schraubenfabrikation eine völlige Umwälzung.

Noch gab es keine Möglichkeit, ebene Flächen mechanisch zu bearbeiten, die seit altersher geschabt, gefeilt und wiederum geschabt wurden. Ja, selbst heutigentags gehört das Feilen und Schaben zu den Grundfertigkeiten des Metallhandwerkers, nach welchen auch sein berufliches Können vornehmlich beurteilt wird. Roberts baute dann 1817 die erste Hobelmaschine (Bild 13). Ein interessantes Glied in dieser Entwicklungskette ist auch die von Heinemann 1890 hergestellte Hobelmaschine mit Handantrieb und Schwungrad.

Bei der Roberts-Maschine wird das auf den Tisch gespannte Werkstück mittels Kettenzug unter dem Schneidstahl hin- und herbewegt, nach jedem Arbeitsgang erfolgt die Querverschiebung des Supportes mit dem Stahl um die jeweilige Spanbreite. Mit dieser Maschine tritt auch erstmalig der Wirtschaftlichkeitsgedanke in den Vordergrund, denn die bisherige Handarbeit läßt sich nun maschinenmäßig auch schneller und billiger durchführen. Vor dem kam es bei der Metallbearbeitung vorwiegend darauf an, eine Arbeit überhaupt irgendwie ausführen zu können.

Welch gewaltiger Unterschied aber zwischen den Frühkonstruktionen und dem heutigen Stand des Hobelmaschinenbaues besteht, das möchte gleich an dieser Stelle durch einen Bildvergleich mit der modernen VWF-Maschine (Bild 14) nachgewiesen werden.

Achten wir nur darauf, daß die moderne Maschine keine Handkurbel mehr braucht, sondern jede Bewegung mittels Druckknopf zu steuern ist, und wo früher ein Schneidstahl verwendet wurde, sind heute zwei und mehr Stähle gleichzeitig im Eingriff. Das ver-

a) Grundform nach Roberts (1817

b) Schwungrad-Hobelmaschine-Heinemann (1890)

Bild 13. Hobelmaschinen des 19. Jahrhunderts

langt natürlich größere Antriebsleistungen als $^1/_7$ PS, wie sie der Mensch zu leisten vermag, heute ist das 500fache dieser Muskelleistung und mehr üblich. Besonders deutlich tritt bei dieser Maschine der Fortschritt der Elektrotechnik in Verbindung mit der Werkzeugmaschine zutage.

Bild 14. Hobelmaschine des 20. Jahrhunderts mit elektrischem Antrieb (1952)

Für die Flachbearbeitung kleiner Teile, insbesondere in der Waffenherstellung, entstand zu derselben Zeit, als Roberts seine Hobelmaschinen baute, die erste Fräsmaschine (Bild 15). Ihr Erfinder ist der Amerikaner Eli Whitney. Das relativ kleine Fräswerk ruht noch auf einem Holzbalken, der von schwachen Eisenfüßen getragen wird. Der Antrieb der Arbeitsspindel erfolgt durch eine Schnurscheibe, wie das bei kleinen Maschinen auch heute noch anzutreffen ist. Von einem Fräsen im heutigen Sinne kann hier freilich nicht die Rede sein, dafür gab es seinerzeit noch keine genügend leistungsfähigen Fräser, weshalb der Engländer dieses Fertigungsverfahren offenbar nicht ohne Grund mit "milling" bezeichnete, was soviel bedeutet wie mahlen (mill = Mühle).

Whitney benützt, wie im Bild zu sehen ist, mit der „Fallschnecke" für den Vorschub des Tisches aber bereits ein Maschinenelement, das noch heute bei unseren modernsten Maschinen Verwendung findet. Nebenbei bemerkt wird die Vorschubwelle von der Hauptspindel aus angetrieben, wobei die Fallschnecke in das hinter der Handkurbel sitzende Schneckenrad eingreift und somit den selbsttätigen Vorschub des Tisches bewirkt. Wird die Fallschnecke ausgerückt, so läßt sich der Tisch, der überdies in dem Bild nicht zu sehen ist, von Hand verschieben.

Bis zur Entwicklung einer neuen Fräsmaschinen-Type durch die Firma Brown & Sharpe vergingen dann 44 Jahre. Es handelt sich dabei um eine Maschine, die besonders für das Fräsen von Spiral-

Bild 15. Älteste Fräsmaschine nach Eli Whitney (1818)

bohrern eingerichtet war. Vordem hatte man die Bohrer von Hand mit einer Rundfeile mühsam zurechtgefeilt. Mit dieser neuen, im allgemeinen als Universal-Fräsmaschine bezeichneten Maschinenart (Bild 16) wurde zugleich die Grundbauweise für alle späteren Konstruktionen geschaffen. Interessant ist auch hier der Vergleich mit einer modernen Maschine, zu welchem Zwecke der Brown & Sharpe — eine Werner-Hochleistungs-Maschine aus dem Jahre 1952 gegenübergestellt wird. Fast 60 Jahre lang war im deutschen Werkzeugmaschinenbau der Stufenscheiben-Antrieb allgemein üblich und erst durch die Verbreitung des elektrischen Antriebs in Verbindung mit Zahnradgetrieben wurde auch bei der Fräsmaschine ersterer abgelöst. Die Spindeldrehzahlen haben sich dabei vervielfacht; anstatt der anfänglichen 4 Stufen sind heute 20 vorhanden, und die mögliche Zahl der Vorschübe vergrößerte sich z.B. von 3 auf 32, wobei der Antrieb des Vorschubs von demjenigen der Arbeitsspindel unabhängig geworden ist.

a) Universal-Fräsmaschinen-Grundform (Brown & Sharpe 1862)

b) Moderne Mehrzweck-Fräsmaschinen-Type (Werner 1952)

Bild 16. Die Standard-Fräsmaschine „einst und jetzt“

a) Amerikanische Schraubendrehbank (1836)

b) erste Revolverdrehbank nach Root (1850)

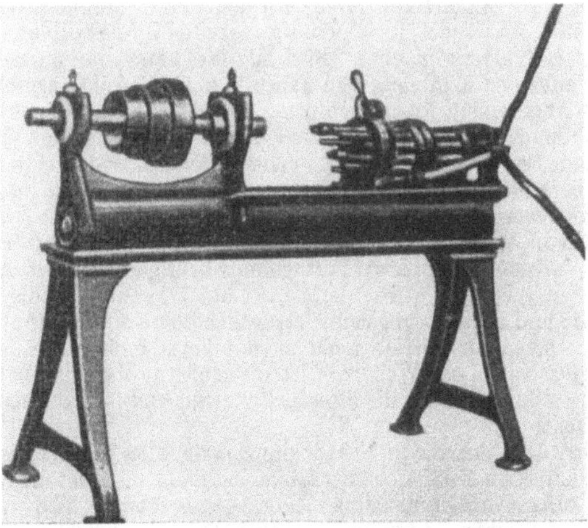

Bild 17. Revolverdrehbänke des 19. Jahrhunderts

Auf weitere konstruktive Merkmale soll hier nicht näher eingegangen werden, darüber ist in Band III alles Wissenswerte zu finden.

Nachdem von Mitte des letzten Jahrhunderts an die Mengen der zu bearbeitenden Werkstücke insbesondere in Amerika immer größer wurden, ergab sich zwangsläufig die Notwendigkeit zur Leistungssteigerung in der mechanischen Fertigung. Zunächst entstand die Revolverdrehbank, da das Drehen schon seinerzeit am weitesten verbreitet war. Durch die Verwendung eines Revolverkopfes, der die gleichzeitige Einspannung mehrerer Werkzeuge gestattet und damit den meist zeitraubenden Werkzeugwechsel während der Bearbeitung eines Werkstückes erübrigt, läßt sich nun die Dreharbeit wesentlich beschleunigen. Als die erste Revolverdrehbank gilt im allgemeinen die von Root um 1850 gebaute Maschine (Bild 17). In der Tat gab es aber in Amerika bereits um 1836 eine Spezial-Schraubendrehbank, die nicht minder eine Revolverdrehbank darstellt. Diese Maschine ist sogar mit einem Querschlitten ausgerüstet. Im übrigen ist festzustellen, daß die anfänglichen Konstruktionen bei der Anordnung ihrer Schaltelemente noch wenig handlich sind. Grundsätzlich wurde die Root-Revolverdrehbank aus der einfachen Drehbank entwickelt und als Sonderheit lediglich der Reitstock durch den Revolverkopf ersetzt. Die Bauart von Root wird heute als „Trommelrevolver" bezeichnet, im Gegensatz zu dem sogenannten Sternrevolver mit vertikaler Revolverkopfachse. Für letztere kann die amerikanische Schraubendrehbank aus dem Jahre 1836 als Vorbild angesehen werden. Analog dem Fräsmaschinen-Beispiel hat man es auch hier mit Grundbauweisen für die späteren Gestaltungen zu tun.

Zum Beweis soll den anfänglichen Konstruktionen eine moderne Revolverbank-Konstruktion im nachfolgenden Bild 18 gegenübergestellt werden.

Mit dieser Konstruktion möchte vor allem veranschaulicht werden, daß auch der äußeren Formgebung heutigentags große Aufmerksamkeit geschenkt wird; denn man hat erkannt, daß die Arbeitsfreude und der Leistungswille wesentlich von der Umwelt abhängen, dazu tragen im Betrieb nicht zuletzt Form und Farbe der Werkzeugmaschinen bei. Weiterhin ist die moderne Maschine in höherem Maße unfallsicher als die älteren Bauarten und ihre Bedienung vereinfacht.

Den Abschluß dieser Entwicklungsperiode, in welcher die Grundtypen unserer Fertigungsmaschinen entstanden, bildet die Schleifmaschine. Leistungsfähige Werkzeugmaschinen sind unstreitig eine Voraussetzung für die Produktivität des Betriebes, die Anforderungen an diese hängen aber hauptsächlich von dem Verwendungszweck der zu bearbeitenden Werkstücke ab. Je weiter hierbei der Austauschbau fortschritt, desto kleiner wurden die Toleranzen und umso höher die Ansprüche an die Genauigkeit und Oberflächenbeschaffenheit der Werkstücke. Diesen Forderungen wird durch das „Genauigkeits-Schleifen", das nicht mit dem Werkzeug-Schärfen alten Ursprungs oder dem Polieren von Metallteilen usw.

Bild 18. Eine Revolverdrehbank des 20. Jahrhunderts (1950)

zu verwechseln ist, auf die rationelleste Weise entsprochen. Wann der rotierende Schleifstein aufkam, ist bis heute ungeklärt: daß sich Leonardo da Vinci mit dem Schleifen beschäftigt hat, wurde bereits erwähnt, allein mit einer wirtschaftlichen Fertigung im heutigen Sinne hatten diese Versuche nichts zu tun. Eingeleitet wurden die neuzeitlichen Fertigungsverfahren durch die erste Schleifmaschinenkonstruktion von Brown & Sharpe im Jahre 1865 (Bild 19), mit welcher zugleich wiederum wie bei den vorangegangenen Beispielen die Grundlagen für den Schleifmaschinenbau überhaupt geschaffen wurden. Um 1900 folgten dann weitere Maschinentypen dieser Art, z.B. von Landis und Norton. Heutigentags ist eine wirtschaftliche

Fertigung ohne Schleifmaschinen nicht mehr denkbar und ihr Aufgabengebiet ist außerordentlich umfangreich geworden.

Was die alte Brown & Sharpe-Maschine auszeichnete, war vor allem ihre universelle Verwendungsmöglichkeit, man konnte auf ihr ebenso zylindrische Teile außen rundschleifen wie Bohrungen innen schleifen, den Tisch und den Schleifspindelstock dazu weitgehend verstellen, so daß sich auch konisch geformte Werkstücke bearbeiten ließen. Lange Zeit hat es wohl keine geeignetere Schleifmaschine für

Bild 19. Ursprüngliche Rundschleifmaschinentype Brown & Sharpe (1865)

den Werkzeug- und Vorrichtungsbau gegeben. In Bild 19 ist die Maschine gerade für das Lochschleifen aufgebaut, es ist aber auch die hinter der Innenschleifspindel liegende Schleifscheibe für das Außenrundschleifen zu erkennen. Daß der Antrieb bei derartig komplizierten Maschinen von Anfang an einige Schwierigkeiten bereitete, ist verständlich und fast $^1/_3$ der Maschine hing früher an der Decke, von wo aus mittels Riemen der Tisch, Werkstückspindelstock, Schleifspindelstock und die Kühlmittelpumpe angetrieben wurden. Diese Pionierkonstruktion hat dann allerorts die späteren Entwicklungen wesentlich beeinflußt. Auch den Fortuna-Werken diente die Brown & Sharpe-Maschine zunächst als Vorbild, weshalb in diesem Zusammenhang eine Fortuna-Rundschleifmaschine (Bild 20) zum Vergleich hier gezeigt wird.

Schon die große Schleifscheibe läßt die ganze Entwicklungstendenz des modernen Schleifmaschinenbaues erkennen. Dazu konnten die Tischgeschwindigkeiten durch den stufenlos regelbaren hydraulischen Antrieb wesentlich gesteigert und die Nebenzeiten durch eine hydraulische Betätigung von Reitstock und Schleifspindelstock beachtlich verringert werden. Nicht zuletzt bot auch bei den Schleifmaschinen

Bild 20. Neuzeitliche Rundschleifmaschine – Fortuna (1935)

die Elektrotechnik viele konstruktive Möglichkeiten, die man vor etwa 25 Jahren noch nicht kannte.

Außer den beschriebenen Maschinenarten des 19. Jahrhunderts entstanden noch eine Reihe anderer Maschinentypen, wie die Karusselldrehbank, Stoß- und Vertikalfräsmaschine, wobei grundsätzlich die Schnittrichtung der entsprechenden Grundmaschinen wie Drehbank, Hobel- und Fräsmaschine um 90° geschwenkt wurde. Beispielsweise erfand der bayerische Techniker Georg von Reichenbach zwischen 1804 und 1818 die Stoßmaschine, deren Weiterentwicklung in der folgenden Zeit vornehmlich in England betrieben wurde. Im wesentlichen gestattet diese Maschine ein bequemeres Spannen vor allem schwerer und sperriger Werkstücke. Die Bohr- und Fräsmaschinen stützen sich hingegen auf eine Änderung der kinematischen Verhältnisse gegenüber der Drehbank und Hobelmaschine, indem nicht mehr das Werkstück sondern das Werkzeug die Hauptbewegung ausführt. Dabei wird der größte Teil der Antriebsleistung dem Werkzeug zugeführt und nicht durch die Bewegung des Werkstückes verbraucht. Auf dem Gebiete der Drehmaschinen entstand bereits 1873 in Amerika der Einspindel- und 1908 der Mehrspindelautomat, womit die Grundlagen für die vollautomatisch arbeitenden Werkzeugmaschinen geschaffen wurden. Wie schon bei den altertümlichen Fertigungsgeräten das Antriebsproblem im Vordergrund stand, so hat sich daran bis zum heutigen Tage nichts geändert.

Möchten diese kurzen Ausführungen einen Eindruck von der geschichtlichen Bedeutung der metallbearbeitenden Werkzeugmaschinen, ihrer Entstehung und Entwicklung vermitteln. Es wurde versucht, nicht nur die kulturgeschichtlichen Zusammenhänge schlechthin aufzuweisen, sondern auch die zivilisatorische Wirkung der Werkzeugmaschine zu durchleuchten. Ziehen wir daraus das Facit: Die Werkzeugmaschine ist vielleicht die vollendetste Verwirklichung der Idee des Fortschritts!

22 Eigenschaften und Begriffsbestimmungen

Man mag darüber streiten, was im Folgenden zweckmäßiger ist, die Werkzeugmaschine entweder vorweg in allen Details zu beschreiben und ihre Definition hinterher zu präzisieren, oder umgekehrt zu verfahren und letztere vorauszuschicken. Im allgemeinen kann eine Definition erst erfolgen, wenn eine ausführliche Beschreibung des zu definierenden Gegenstandes vorausging. Wollen wir aber, wie im vorliegenden Falle, wo es an der Klarheit der Sprache vielfach noch mangelt und die Begriffe häufig uneinheitlich verwendet werden, Mißverständnisse von vornherein vermeiden, so erscheint es richtiger die Begriffsbestimmungen sofort aufzugreifen. Es muß bei unserer gewollt präzisen Untersuchung zweifellos zuerst geklärt werden, was unter Werkzeugmaschine überhaupt zu verstehen ist; denn es besteht ein grundsätzlicher Unterschied zwischen dem „Ding an sich“ und seinen Erscheinungsformen in der Wirklichkeit. Darüber gehen aber bei den Werkzeugmaschinen die Meinungen nicht nur in der einschlägigen Literatur häufig auseinander, sondern auch in der Praxis ist es arg um das Begriffliche bestellt; oft hat jedes Werk oder zumindest jeder Landesteil — Nord und Süd — seine eigenen Ausdrücke und Bezeichnungen. In den uns hier interessierenden Zusammenhängen liegen die Dinge besonders schlimm, deswegen wohl, weil die Entwickelung sehr rasch vor sich ging, ja, sich zeitweise förmlich überstürzte; so daß für eine Atempause der Begriffsbildung und der Begriffsbenennung, kurz für das Terminologische, offenbar keine Zeit übrig blieb. Darum muß insbesondere eine Wissenschaft, die mit Tatsachen und Problemen zu tun hat, die auch in außerwissenschaftlichen Kreisen z. B. im Betrieb den Werkmeister und Facharbeiter stark interessieren, bestrebt sein ihre Begriffe möglichst scharf zu fassen und eindeutig zu bezeichnen. Die sprachliche Klarheit ist nicht zuletzt die Voraussetzung für eine richtige Urteilsfindung.

Gehen wir unmittelbar in medias res. Was versteht man unter Werkzeugmaschine? Versucht man eine Synthese der Werkzeugmaschine, so ist es notwendig auch die geschichtliche Entwicklung des Begriffes Werkzeugmaschine mit einzubeziehen. Von der Entstehung der Werkzeugmaschine im Altertum und Mittelalter führt ein gerader Weg zu der „Mechanisierung" des menschlichen Lebens, zur Zivilisation, die vor rd. 150 Jahren in der Industrialisierung ihre ganze Hoffnung sieht und damit dem sogenannten „technischen Zeitalter" zum Durchbruch verhilft. Mechaniken waren zwar schon im 16. Jahrhundert Mode, man verstand darunter Maschinen und ihre Kunst; weite Kreise wollten diese mechanischen Erfindungen haben, gleichwohl sie vielfach keinem praktischen Zwecke dienten. Sie trugen nicht dazu bei, dem Menschen die Arbeit auf dem Acker oder in der Werkstatt, bei der Verteidigung gegen irgendwelche Kräfte der Natur oder feindlicher Menschen zu erleichtern und ihm zu gestatten Verbindungen mit Seinesgleichen über große Entfernungen herzustellen. Hierzu mußten vom Menschen erst Stoffe wie Holz, Stein, Metall a.u.m., die oft noch zu entwickeln waren, bearbeitet und umgeformt bzw. hergestellt werden. Das geschah anfänglich durch die Hand des Menschen, mit schneidenden, brennenden und schlagenden Werkzeugen ausgerüstet, also „handwerksmäßig". Der erste Fortschritt zur Einsparung von Kräften und zur Erhöhung der Leistung des Werkzeuges war die Verwendung eines mechanischen Gerätes, das entweder das Werkzeug oder das Werkstück in Bewegung setzte. Solche Mechanismen waren einfach, aber meistens hatte der Mensch das Werkzeug noch von Hand zu halten, wie im vorangegangenen Abschnitt gezeigt wurde. Eine Werkzeugmaschine im eigentlichen Sinne waren diese mechanischen Erfindungen daher nicht. Dasselbe dürfte sinngemäß auch für die modernsten maschinellen Handwerkzeuge gelten. Wir kommen also der Definition der Werkzeugmaschine etwas näher, wenn wir ihre Aufgabe darin sehen, daß sie sowohl das Werkzeug als auch gegebenenfalls das Werkstück zu halten und in Bewegung zu bringen hat, wobei die Hand des Menschen von der direkten Mitwirkung an der formbildenden Stelle ausgeschaltet ist. Aber auch diese terminologische Fassung genügt im Blick auf den dauernden Fortschritt der Technik mit ihren immer wieder neuartigen „Verfahrenstechniken" heute nicht mehr. So erstreckt sich z.B. der Ausdruck Werkzeugmaschine in jüngster Zeit häufig auf Mechanismen, die Werkzeuge im üblichen Sinne gar nicht benötigen und man denke nur an die sogenannten „verbindenden" Arbeitsoperationen wie Kleben, Heften u.a., die auf chemische Weise oder mittels hochfrequenter Schwingungen produktive Arbeit leisten usw. Dadurch wird das Wort Werkzeugmaschine zu einem „Oberbegriff" für alle Arten von „Gebrauchsmaschinen", die der Fabrikation bzw. der industriellen Produktion dienen. Mit dieser Interpretation mag vielleicht der Wirtschaftler zufriedengestellt sein, aber sie entspricht nicht ganz dem technischen Standpunkt. Gleichermaßen weicht die englische, viel ausführlichere Definition von der technischen Sehweise ab, indem sie etwa dem Sinne nach so formuliert ist: Die Werkzeugmaschinen sind die Grundlage aller modernen industriellen Produktionen, sie sind nicht allein für die Herstellung der verschiedenen Arten von Mechanismen und ihren Antrieben notwendig, sondern dienen der Gütererzeugung überhaupt.

Alles, was der Mensch zum Leben braucht, wird mit Hilfe von Maschinen geschaffen, die das typische Merkmal der Werkzeugmaschine tragen, ob es sich dabei um die Erzeugung von Nahrungsmitteln, hygienischen Produkten, Textilien, Papier-, Schreib-, Druckereiwaren u.a.m. handelt. Wenn man von den speziellen Problemen absieht, können in diesem Bezug sogar die Landmaschinen mit Fug und Recht als die „Werkzeugmaschinen des Ackerbaues" bezeichnet werden, denn auch diese dienen vorwiegend dazu, Material umzuformen. Ohne auf deren Sonderaufgaben hier näher einzugehen, ist immerhin erwähnenswert, daß selbst die Arbeitsverfahren bei der Boden- und Metallbearbeitung häufig einander entsprechen. In Bild 21 sei beispielsweise das „Bodenhobeln und -fräsen" schematisch dargestellt.

Jedermann kann aus dem Bild auch ohne besondere Fachkenntnisse erkennen, wie weitgehend diese Verfahren mit den analogen der Metallbearbeitung wie Hobeln und Fräsen übereinstimmen.

Was fernerhin für die Beurteilung der vorerwähnten allgemeinen Fabrikationsmaschinen neben ihrer prinzipiellen Übereinstimmung mit den sonstigen Werkzeugmaschinen interessiert, ergibt sich aus der Tatsache, daß sie in vielen Fabriken häufig unter der Bezeichnung „Spezialmaschinen" in ein und denselben Werkstätten hergestellt werden. Vom wissenschaftlichen Standpunkt aus dürfte man daher keinen Fehler begehen, wenn alle die genannten Maschinenarten einschließlich der Werkzeugmaschinen schlechthin als „Produktionsmaschinen“ bezeichnet werden. Berücksichtigen wir aber die spezifisch technologische Aufgabe der uns besonders interessierenden Produktionsmaschinenarten, wie sie in der mecha-

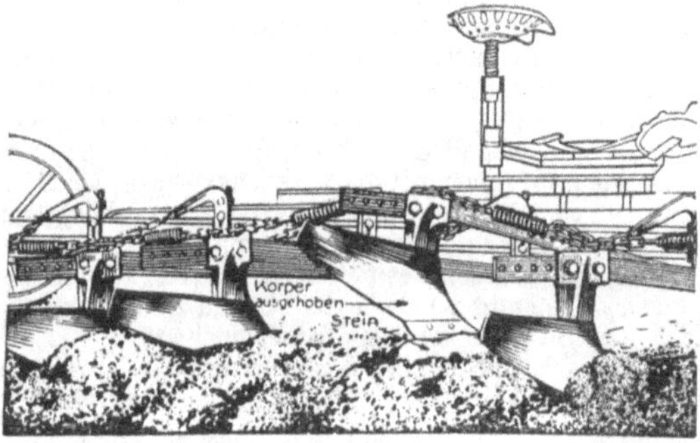

a) statisch mit Pflug

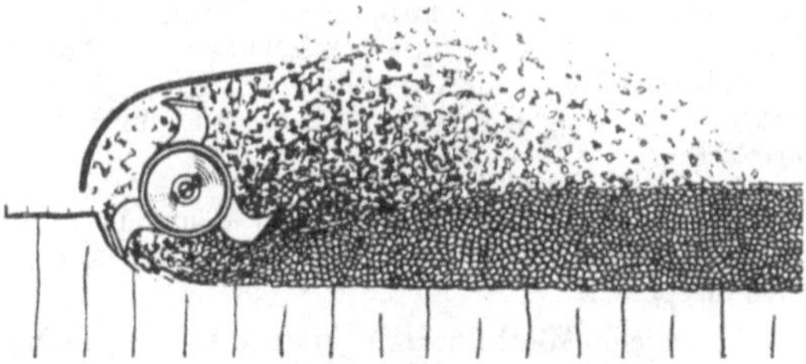

b) dynamisch mit Fräser

Bild 21. Landwirtschaftliche Bodenbearbeitung

nischen Fertigung bzw. zur Herstellung aller anderen Maschinen gebraucht werden, so drängt sich uns von selbst folgende Definition auf:

„Eine Werkzeugmaschine ist ein Mechanismus bzw. eine Gruppe von Mechanismen, die der Formgebung und Umformung geeigneter Werkstoffe in Ur- oder Vorform dient, sowie der Oberflächenbehandlung; sei es durch physikalische oder chemische Verfahren, die analog bildsam, spanend, trennend, verbindend und stoffschützend wirken, verbunden mit dem Messen bestimmter Eigenschaften, ohne direkte Mitwirkung der menschlichenHand im Wirkfeld der Formkräfte".

Selbst dem praktisch orientierten Menschen dürfte dieses Abstraktum eine Reihe von Einordnungsmöglichkeiten bieten; es wird auch kaum ein Fehler in der theoretischen Schlußfolgerung zu finden sein, nachdem die Prämissen der Wirklichkeit entsprechend gesetzt sind. Gewiß besagt eine solche Schlußfolgerung, auch wenn sie logisch formal richtig ist, nicht allzuviel. Wenn aber Theorie und Praxis auseinanderklaffen, so können wir die Wirklichkeit nicht verantwortlich machen, denn sie ist es ja gerade, die wir klären wollen, doch demjenigen, der mit den abstrakten Dingen nur wenig anfangen kann, möge die Einordnung der hier besonders interessierenden Metallbearbeitungsmaschinen in die Reihe der übrigen Fertigungsmaschinen vielleicht den Sinn der großen Verallgemeinerung des Begriffes offenbaren. An den einheitlichen Bezeichnungen ändert sich nämlich bei einer solchen den Tatsachen entsprechenden Unterteilung nichts.

Wir kommen dann für unseren Fall zu folgender Definition:

„Eine Werkzeugmaschine für Metallbearbeitung ist eine Gruppe von Mechanismen, die der Formgebung geeigneter Werkstoffe in Ur- oder Vorform durch spanende Verfahren dient, verbunden mit dem Messen bestimmter Eigenschaften, ohne direkte Mitwirkung der menschlichen Hand im Wirkfeld der Formkräfte."

Spezifizieren wir die Teilbenennungen, um damit die Brücke von der Wissenschaft zur Praxis zu schlagen, so ergeben sich folgende Untersuchungspunkte:

1. Das Wesen jedes Mechanismus besteht, wie uns die Mechanik lehrt, darin, daß seine einzelnen Teile nur ganz bestimmt vorgeschriebene Bewegungen gegeneinander ausführen können. Hierbei lassen sich die einfachen Mechanismen auf die gebräuchlichen Maschinenelemente zurückführen. Da eine Kraft niemals auf einen einzelnen Körper wirkt, sondern immer zwischen zwei Körpern, so ist sie grundsätzlich bestrebt den Abstand der beiden Körper zu verändern. Damit tritt deutlich die Zweckbestimmung der Maschine zutage, sie hat den beim Formungsprozeß gegeneinanderwirkenden Hauptorganen — Werkstück und Werkzeug — Kraft, Geschwindigkeit und Führung zu erteilen.

2. Die Verfahren, deren sich die spanende Formtechnik bedient, sind hauptsächlich Drehen, Hobeln, Fräsen, Sägen, Räumen, Bohren, Schleifen, Läppen und Polieren.
3. Der Werkstoff wird vorwiegend durch den Verwendungszweck des zu fertigenden Werkstückes bestimmt, ist aber auch von seiner wirtschaftlichsten Bearbeitungsmöglichkeit abhängig. Er kann als Rohmaterial oder in vorgeformten Zustand (gegossen oder bildsam geformt) in den spanenden Formungsprozeß gelangen. Zum „Werkstück" wird der Werkstoff mit dem ersten Arbeitsgang.
4. Prüfen und Messen ist so wichtig wie das Formgeben und daher als Bestandteil der Fertigung anzusehen. Bei den modernen mechanischen formtechnischen Verfahren ist es normalerweise maschinengebunden und erfolgt im allgemeinen mechanisch, optisch, elektrisch, hydraulisch oder pneumatisch.
5. Nach der Zweckbestimmung der Werkzeugmaschine (Punkt 1) ist die Hand des Menschen von dem Wirkbereich der an der Formgebung beteiligten Glieder (Werkstück — Werkzeug) während des Formungsprozesses ausgeschaltet, sie hat vielmehr die Schalt- und Steuerorgane sowie die Meßeinrichtung der Maschine zu bedienen. Ein mechanisch angetriebenes „Handwerkzeug" kann deswegen nicht als Werkzeugmaschine angesprochen werden, was nicht ausschließt, daß es als Baueinheit unter Umständen Bestandteil einer Werkzeugmaschine sein kann. Im übrigen fällt das mechanisch angetriebene Handwerkzeug bzw. Arbeitsgerät, wie es häufig auch bezeichnet wird, im allgemeinen unter den Begriff des „kurzlebigen" Betriebsmittels, ist also auch durch die Begriffe des Wirtschaftlers eindeutig charakterisiert, was hier nur angemerkt sei.

Logisch sind diese Deduktionen sicher nicht zu beanstanden und dürften auch keinen Widerspruch zwischen Theorie und Praxis darstellen. Sie erklären zudem die komplizierten Zusammenhänge zwischen Formtechnik und Werkzeugmaschine und zeigen, daß wir das ganze Gebiet von vielen Seiten aus betrachten müssen. Über die Zeit des handwerksmäßigen Maschinenbaues, wo es auf Zielschlüssigkeit weniger ankam und eine überlegene treffsichere Ruhe der Systematik nicht so nötig war, sind wir hinaus. Nachdem aber die Fertigungstechnik und ihre Maschinen in den Bereich der wissenschaftlichen Forschung einbezogen sind, müssen wir uns selbstverständlich auch um die Begriffsbildung bemühen. Da sich diese trotz allgemein geltender Denknormen bei den verschiedenen Wissensgebieten unterschiedlich vollzieht, ist es erforderlich, daß wir uns in unserem Falle nach eigenem Prinzip leiten lassen. Nur darf man dabei nicht, etwa in der vielleicht guten Absicht „Taten" vollbringen zu wollen, zu rasche und oberflächliche Entscheidungen treffen, wie es viele Praktiker gewohnt sind, denen zeitraubende theoretische Überlegungen unangenehm erscheinen. Das Ergebnis führt dann leicht zu Fehlschlüssen, wie dies z.B. in unserem Zusammenhang folgende Definition der Werkzeugmaschine zeigt:

„Die Werkzeugmaschine ist eine Maschine zur Herstellung von Werkzeugen."

So einfach ist der Fragenkomplex Werkzeugmaschine keineswegs zu behandeln. Ganz allgemein mag gelten, daß durch Werkzeugmaschinen in jedem Falle eine Veredelung von Werkstoffen, kurz Stoffen aller Art, und Halbzeugen erfolgt. Zuletzt sei noch auf einen ebenfalls häufig begangenen Fehler hingewiesen, der darin besteht, die Werkzeugmaschine als „Arbeitsmaschine" zu bezeichnen.

Unter Arbeitsmaschinen sind vielmehr Pumpen, Fördermaschinen und dgl. zu verstehen, die als „technische Vorrichtungen" zwangsläufig, also mechanisch Kräfte übertragen. Von den Kraftmaschinen unterscheiden sich die Werkzeugmaschinen grundsätzlich dadurch, daß sie bei der Form- oder Umformarbeit keine Energieumwandlung benutzen. Zusammengefaßt ist zu sagen: auch die abstrakten Dinge müssen vom Techniker stets bedacht werden, wenn Theorie und Praxis gemeinsam das Ziel verfolgen, der Menschheit zu dienen. „Forschung von heute ist Technik von morgen", wie ein in letzter Zeit vielbenutzter Ausdruck lautet. Deswegen sollte dem laxen Sprachgebrauch möglichst aus dem Wege gegangen werden, und dieses heißt auf einen Hauptnenner gebracht: „Eindeutige und scharfgefaßte Begriffe vermeiden Verwirrungen!"

23 Gliederung und die prinzipiellen Beziehungen

Mit Vorbedacht ließen wir die abstrakten Beziehungen zwischen Werkzeugmaschine und erkenntnistheoretischer Disposition vorausgehen. Dies erfolgte freilich nicht isoliert von der konkreten Beziehung zwischen Gegenstand und empirischem Ergebnis. Vom Begrifflichen gingen wir aus, weil es uns eine wirksame ordnende Unterstützung bietet, die nötig ist, wenn wir jetzt das „Tatsächliche" schildern und damit zugleich die ihm zugrunde liegenden und mit ihm zusammenhängenden Probleme, also das Problematische, behandeln wollen. So kann auch, was aus praktischer Erfahrung entsprungen, von dieser abhängig ist und im Werkzeugmaschinenbau dominiert, leichter mit dem wissenschaftlichen Erkennen koordiniert werden. Darauf besonders hinzuweisen, erscheint bei keiner anderen technischen Disziplin notwendiger, als beim Werkzeugmaschinenbau, wo die Praxis oft Wege geht, die von der Wissenschaft, wenn nicht gerade abgelehnt, so doch kritisch beurteilt werden. Genauer gesagt, es wird in der Wirklichkeit mancher Gedanke zur Tat, dem die Wissenschaft nicht immer folgen kann, weil sie vielleicht zu wenig Einblick in die Praxis hat oder weil letztere die Wissenschaft einfach ungenügend orientiert. Dabei hat das wissenschaftliche Erkennen, von der sprachlichen Differenz abgesehen, im Grunde keine wesentlich anderen Formen und Mittel als das Nicht-Wissenschaftliche. Eine Grenzscheidung ist schon in sofern nicht möglich, weil jede spezielle wissenschaftliche Erkenntnisform mehr oder minder die Ausbildung einer vorwissenschaftlichen ist.

Für die Betriebswissenschaften wurden erst durch die grundlegenden Arbeiten Taylors und Frank B. Gilbreths um 1900 herum die Voraussetzungen geschaffen. In Deutschland hat die Werkzeugmaschine als selbstständiger wissenschaftlicher Zweig erst mit der Gründung eigener Lehrstühle an den Hochschulen in Berlin unter Schlesinger 1904, in Aachen unter Wallichs 1906, in Hannover unter Schwerd 1908 usf. ihre wissenschaftliche Reife erlangt. Damit trat an die Stelle der bisherigen, mehr beschreibenden Maschinenkunde, die Forschung und wissenschaftliche Lehre auf dem Gebiete der Werkzeugmaschinen. Wir haben es also mit einer noch verhältnismäßig jungen Wissenschaft zu tun, was als Entschuldigung dafür gelten mag, daß die Beziehung zwischen theoretischer Erkenntnis und praktischer Erfahrung hier häufig zu wünschen übrig läßt.

Nun haben wir bei der Definition der Werkzeugmaschine die verschiedenen Verfahren der spanenden Formtechnik bereits aufgezählt. Danach könnte man schon eine Klassifikation der Maschinenarten vornehmen. Man kann aber auch die Einteilung nach den am Werkstück zu bearbeitenden geometrischen Formen festlegen. Dieser Weg erscheint jedoch nicht empfehlenswert — wird allerdings zuweilen begangen —, denn wir brauchen nur zu bedenken, wie viele Möglichkeiten es z.B. gibt, um etwa eine ebene Fläche spanend zu formen; dafür kommen fast alle Verfahren in Frage, wie Hobeln, Plandrehen, Walz- und Stirnfräsen, Räumen, Schleifen, Läppen und Polieren. Aber nur ein Blick auf die Genauigkeit und die Oberfläche der erzeugten Form genügt, um die verschiedenartigsten Prinzipien der analogen Werkzeugmaschinen zu erkennen. Dennoch verdient die sogenannte „geometrische" Gliederung einiges Interesse, bietet sie uns doch eine grundsätzliche Ordnung der Maschinen und der formgebenden Werkzeuge besonders in Hinsicht auf ihren Antrieb, der entweder eine drehende oder hin- und hergehende Bewegung bei dauernd wechselnder Kraftrichtung erzeugt.

Im übrigen spielt bei allen diesen Orientierungen auch der zu formende Werkstoff und sein Zustand eine wesentliche Rolle. Es ist deshalb notwendig, an erster Stelle eine methodische Gliederung der Werkzeugmaschinen danach vorzunehmen, die von jedweder persönlichen Auffassung frei und sinnfällig sein kann. Ein solcher Versuch zwingt dazu, die Werkzeugmaschinen zunächst nach den in der Formtechnik hauptsächlich vorkommenden Werkstoffen zu ordnen. Wir erhalten dann gleichsam als erstes Schema folgende Gruppeneinteilung:

1. Werkzeugmaschinen zum Formen, Trennen, Verbinden und Veredeln „metallischer Werkstoffe";
2. Werkzeugmaschinen zum Formen und Trennen von „Holz";
3. Werkzeugmaschinen zum Umformen, Trennen und Veredeln „bildsamer Werkstoffe" (kalt oder warm);
4. Werkzeugmaschinen zum Formen „plastischer Stoffe, von Pulverstoffen, Gummi, Kunststoffen usw." (kalt und warm).

Während die Gliederung der metallformenden und metallumformenden Maschinen nicht immer streng methodisch durchgeführt wurde, haben die Holzbearbeitungsmaschinen von jeher eine Sondergruppe dargestellt. Am Rande und der Vollständigkeit halber sei ihre im allgemeinen übliche Unterteilung hier angeführt: Säge-Maschinen, allgemeine Holzbearbeitungsmaschinen, Fournier- und Sperrholz-Maschinen, Sondermaschinen, Tischlereimaschinen, Möbelindustrie-Maschinen, Bürsten- und Pinselindustrie-Maschinen. Bei der 4. Gruppe ist eine Klassifizierung noch kaum möglich, denn dafür ist die Entwicklung noch zu sehr im Fluß; im allgemeinen kommen zwar Pressen in Frage, aber diese müssen die verschiedenartigsten Formungsprozesse und sonstige Aufgaben erfüllen, die sowohl chemischer als auch physikalischer Natur sind und vielfach elektrische Effekte zu berücksichtigen haben.

Wenden wir uns den Gruppen 1 und 3, den Metall„bearbeitenden" und Metall„verarbeitenden" Maschinen zu, so kann an Hand der aus der Praxis stammenden Einteilung im allgemeinen keine konsequent durchgeführte Ordnung festgestellt werden. Nach dem Betriebsvergleichsbogen der Wirtschaftsgruppe Maschinenbau 1937/38 sind z. B. diese Werkzeugmaschinenarten offenbar mehr aus betriebswirtschaftlichen Überlegungen, wie folgt gegliedert: Bohrmaschinen, Radialbohmaschinen, Bohrwerke, Fräsmaschinen, Zahnradmaschinen, Schleifmaschinen, kleine Drehbänke, mittlere und schwere Drehbänke, Revolverdrehbänke und Automaten, Spezial-Automaten, Hobelmaschinen, Kreissägen, Drahtbearbeitungsmaschinen, Blechbearbeitungsmaschinen, Biege- und Richtmaschinen, Pressen, Stanzen und Scheren. Einer fertigungstechnischen bzw. technologischen Einheitlichkeit entspricht dieses Ordnungsprinzip jedenfalls nicht.

Von Normenfachleuten wurde nun in jüngster Zeit eine Gliederung nach Normgruppen vorgeschlagen, die zu einem immerhin beachtenswerten zweiten Schema einer Werkzeugmaschinen-Klassifikation führt:

Spanend-formende Werkzeugmaschinen

1. Hobel-, Stoß- und Räummaschinen;
2. Drehbänke;
3. Revolverdrehbänke und Drehautomaten;
4. Bohrmaschinen, Waagerecht-Bohr- und Fräswerke;
5. Fräsmaschinen und Kreissägen;
6. Schleifmaschinen;
7. Verzahnmaschinen;
8. Sonstige spanende Metallbearbeitungsmaschinen sowie Aufbaumaschinen.

Bildsam-formende Werkzeugmaschinen

1. Hämmer, Schmiedemaschinen, Nietmaschinen, Biegemaschinen, Richtmaschinen für Stangen und Rohre;
2. Pressen und Blech-Umformungsmaschinen;
3. Drahtbearbeitungs- und -verarbeitungsmaschinen;
4. Sonstige Maschinen der bildsamen Formgebung.

Als eine absolute Betrachtungsart kann auch dieses Ergebnis nicht angesehen werden, sie entspricht offensichtlich der unmittelbaren Erfahrung der Fertigungstechniker, denen es weniger auf Systematik als auf den praktischen Zweck ankommt. Die Reihenfolge entspricht etwa dem in der Fertigung üblichen Arbeitsablauf. Lassen wir die Erörterungen in eine theoretische Betrachtungsart ausmünden, so ergibt sich eine grundsätzliche Unterteilung der spanend formenden Werkzeugmaschinen, womit wir uns auf unser eigentliches Gebiet beschränken, in zwei Hauptgruppen:

1. Maschinen mit ununterbrochenem Schnitt;
2. Maschinen mit unterbrochenem, stoßweisem Schnitt.

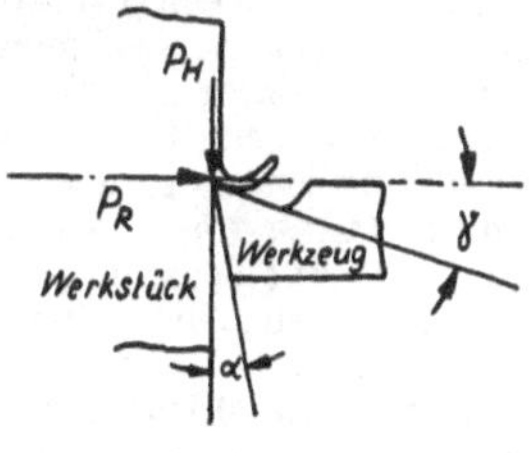

Bild 22. Spanbildung bei kraftschlüssigem Schnitt (Drehen und Hobeln)

Zu der ersten Gruppe gehören die Dreh-, Hobel-, Stoß-, Räum- und Bohrmaschinen. Das Bohren ist mit dem Drehvorgang zu vergleichen, und zwar speziell mit dem Einstechdrehen. Der Hubwechsel bei den

Hobel- und Stoßmaschinen kann hierbei unberücksichtigt bleiben. Ansonsten stellt das Hobeln eine Art Drehen bei unendlich großem Werkstückradius dar. Jedenfalls bleiben bei diesen spanend formenden Verfahren Werkstück und Werkzeugschneide während des Schnittes in ständiger Berührung (Bild 22).

Hingegen umfaßt die zweite Gruppe die Fräs- und Schleifmaschinen, bei welchen sowohl der Spanquerschnitt als auch der relative Schnitt der einzelnen Schneidelemente ständig wechseln (Bild 23). Die Schleifscheibe kann in diesem Zusammenhang als eine Art Fräser mit großer Zähnezahl betrachtet werden, gleichwohl der Spanbildungsvorgang beim Schleifen ein anderer ist als beim Fräsen. Wie in den Abbildungen jedoch zu sehen ist, besteht bei der Spanbildung der verschiedenen Verfahren ein wesentlicher Unterschied. Beim Drehen und Hobeln ergibt sich ein gleichmäßiger, im allgemeinen parallelogrammförmiger Spanquerschnitt, der sich als Produkt von Vorschub und Schnittiefe berechnet. Dem Hobeln am nächsten kommt bezüglich der Spanbildung das „Stirnfräsen", es ist gewissermaßen ein „Rundhobeln" und deshalb zur Formgebung ebener Flächen besonders geeignet. Da die Zähne des Stirnfräsers sofort die volle Spanstärke anschneiden und diese während des ganzen Schnittes nahezu gleich bleibt, vollzieht sich die Spanbildung ebenfalls gleichmäßig und ohne Stoßwirkung. Anders liegen die Verhältnisse beim „Walzfräsen", das weder ein einfacher technologischer Vorgang noch eine besonders vorteilhafte Art der Formgebung ist. Durch den ungleichmäßigen Querschnitt des Frässpanes (Komma-Form) entsteht eine dauernd wechselnde Belastung des Werkzeugs, über die Frässpindel das Getriebe, und damit verbunden, ergibt sich ein stoßartiger Schnittverlauf, was sich wiederum nachteilig auf das Aussehen der erzeugten Oberfläche auswirkt. Noch verwickelter ist der formtechnische Vorgang beim „Schleifen", dessen Spanquerschnitt mit demjenigen eines Frässpanes vielleicht am ehesten zu vergleichen ist. Wenn sich beim Schleifen die störenden Einflüsse des unterbrochenen Schneidvorganges weniger auswirken, so ist das mehr oder weniger auf die große Zahl der gleichzeitig im Eingriff befindlichen Schleifkörner am Scheibenumfang, sowie auf die im allgemeinen sorgfältig ausgewuchtete Schleifscheibe und ihre Schwungradwirkung zurückzuführen. Anzumerken ist vielleicht noch, daß der Flachschliff, ähnlich den Verhältnissen zwischen Drehen und Hobeln, einem Rundschleifen mit unendlich großem Werkstückradius gleichkommt.

Diese kurzen Orientierungen über die grundlegenden Spanformgebungen sind deshalb wichtig, weil sich danach die Konstruktion der betreffenden Maschinen und vor allem ihrer Antriebe zu richten hat. Verhältnismäßig leicht können bei der ersten Maschinengruppe die konstruktiven Voraussetzungen zur Beherrschung der beim Spanungsvorgang auftretenden Wirkkräfte geschaffen werden. Man trägt ihnen durch entsprechende Führungssysteme bei den hin- und hergehenden Maschinenelementen und besonders ausgebildeten Lagerungen für die sich drehenden Hauptspindeln Rechnung. Rasch laufende Maschinen verlangen, daß auch die anderen schwingungserzeugenden Einflüsse wie Masse, Gewicht, Frequenz, dynamische Wuchtfehler usw. soweit als möglich im voraus bestimmt und beseitigt werden. Indessen setzt die zweite Maschinenart vom Konstrukteur entschieden eine kritischere Betrachtung des Formungsvorganges an der Schneide voraus, um eine den Erfordernissen entsprechende Konstruktion hervorzubringen.

Alle spanformenden Fertigungsverfahren sind qualitätsmäßig grundsätzlich in drei Hauptarten zu unterteilen:

1. Schruppen,
2. Schlichten,
3. Fein- u. Genauformen.

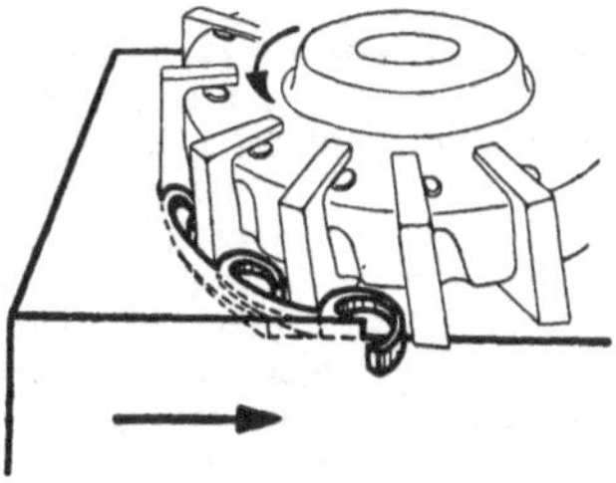

a) Gleichförmiger Schnitt (Stirnfräsen)

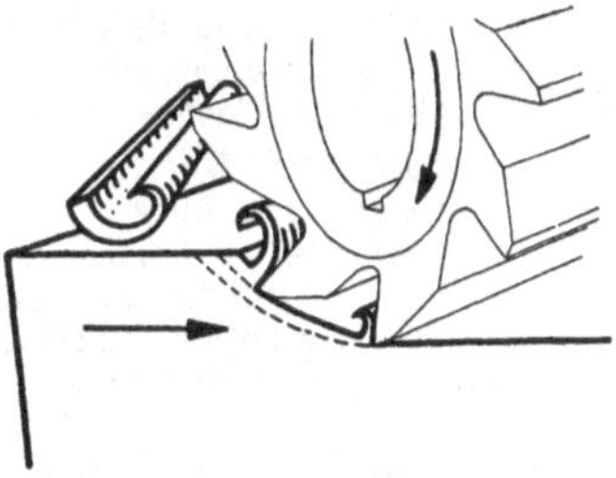

b) Unterbrochener Schnitt (Walzfräsen)

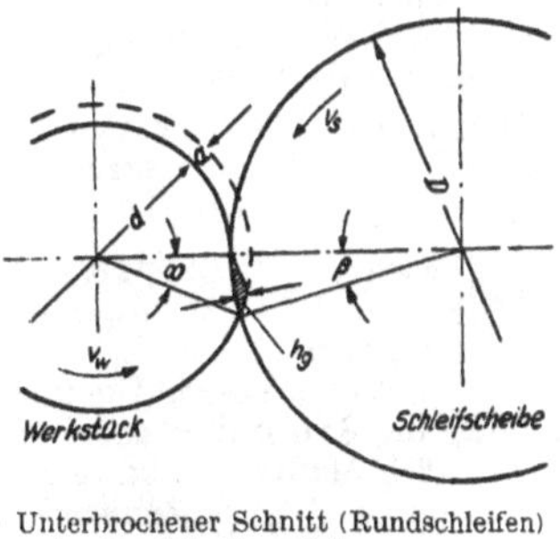

c) Unterbrochener Schnitt (Rundschleifen)
h_g = größte Spandicke
a = Schnittiefe (Zustellung)
d = Werkstück-Durchmesser
D = Scheibendurchmesser

Bild 23. Spanbildung bei rotierenden Werkzeugen (Fräsen und Schleifen)

Gemäß der fertigungstechnischen Aufgabe muß die Maschine der jeweiligen Bearbeitungsart angepaßt sein. Kennzeichnend für das Schruppen ist es, den Formungsprozeß in möglichst kürzester Zeit durchzuführen und dabei mit einem Minimum an Leistungsverbrauch auszukommen. Dazu soll die Zeit zwischen dem Nachschleifen des Werkzeuges, d.h. seine „Standzeit" möglichst groß sein. Auf die Oberflächeneigenschaften wird hierbei wenig oder gar keine Rücksicht genommen. Umgekehrt ist es beim Schlichten; hier wird in erster Linie gefordert, daß die Oberfläche in angemessener Zeit erzeugt, eine möglichst geringe Rauhigkeit und Welligkeit aufweist. Selbstverständlich ist damit auch eine entsprechende Werkzeugstandzeit verbunden. Was übrigens das Aussehen einer geschlichteten Oberfläche anlangt, so sei noch erwähnt, daß beispielsweise eine gedrehte Oberfläche ein ganz anderes Aussehen hat als etwa eine gefräste oder geschliffene, und dies selbst dann, wenn die miteinander verglichenen Flächen dieselben Rauhigkeitsprofile aufweisen.

Beim Fein- und Genauformen kommt es ausschließlich auf die Einhaltung enger Toleranzen bei der Werkstückform, der Masse und Oberflächengestalt an. Entscheidenden Einfluß hat dabei die Form und der Zustand der Werkzeugschneide. Daneben ist die Spanleistung von völlig untergeordneter Bedeutung, diese Funktion fällt den vorangegangenen Verfahren zu. Durch die Feinbearbeitung wird vor allem eine Erhöhung der Leistung und die Verlängerung der Nutzdauer des Erzeugnisses erzielt, weil die Werkstoffeigenschaften verbessert und insbesondere der Verschleiß dadurch verringert werden können. Es ist anzunehmen, daß sich auf diesem Gebiet in Zukunft durch die Entwicklung immer neuer Verfahren weitere Fortschritte erzielen lassen.

Daraus hat sich in der weiteren Differenzierung eine organische Zusammenfassung der Werkzeugmaschinen unter dem Leistungsbegriff ergeben. Diese Gliederung weist vier Hauptgruppen auf:

1. Schwere Schruppmaschinen mit einer Antriebsleistung von etwa 10,0 kW aufwärts. Ihr Drehzahlbereich ist relativ eng begrenzt und liegt beispielsweise zwischen 3,5 und 12,5 bei etwa 4—12 verschiedenen Drehzahlen. Derartige Maschinen kommen für die Bearbeitung schwerer Werkstücke mit verhältnismäßig großen Maßtoleranzen in Betracht, die sich durch einen oder mehrere Schruppschnitte erzielen lassen. Entsprechend den praktischen Erfordernissen sind die Maschinen auch unter Last besonders starr und dabei genügend genau. Die erzeugten Oberflächeneigenschaften sind von nebensächlicher Bedeutung, normalerweise erhält man eine Profilrauhtiefe von 60 bis 600 μ.

2. Mittelschwere Maschinen mit einer Antriebsleistung bis etwa 10,0 kW. Deren Drehzahlbereich ist schon wesentlich erweitert und reicht bis rd. 40. Da im allgemeinen 6 bis 18 verschiedene Drehzahlen üblich sind, ist eine feinere Stufung der Drehzahlen möglich. Zu dieser Gruppe gehören alle Maschinen der Schrupp- und Grobschlichtbearbeitung. Trotz ihrer starren Bauweise und angemessenen Herstellgenauigkeit liegt die Maß- und Formgenauigkeit der gefertigten Werkstücke unterhalb des auf „erstklassigen" Werkzeugmaschinen Erreichbaren. Als Richtwerte für die Beurteilung der geometrischen Oberflächeneigenschaften sind Profilrauhtiefen von 20 bis 100 μ anzunehmen.
3. Standard-Maschinen mit einer Antriebsleistung bis etwa 7,5 kW und einem großen Drehzahlbereich von 50 und darüber. Da diese Maschinen schon höhere Drehzahlen zulassen, sind sie neben dem normalen Schruppen auch für das im allgemeinen übliche Schlichten geeignet. Die durchschnittlichen Profilrauhtiefen der erzeugten Oberflächen können mit 10 bis 60 μ angenommen werden. Maß- und Formgenauigkeiten liegen innerhalb der international anerkannten Prüfnormen. Werden aber solche Maschinen dauernd zum Schruppen verwendet, so geht dies auf Kosten der Nutzdauer.
4. Fein- und Genauigkeitsmaschinen mit einer Antriebsleistung bis etwa 5 kW und hohen Drehzahlen. Der Drehzahlbereich kann dabei eng begrenzt sein, üblich sind rd. 8, indessen bietet die stufenlose Drehzahlregelung bei diesen Maschinen eine bessere Anpassung an die mannigfachen Einflußgrößen der spanenden Formgebung. Mit den Maschinen und Methoden, die heute zur Verfügung stehen, kann man auf einer Oberfläche Profilrauhtiefen von 2,0 bis 0,1 μ erzielen. Als Werkstoffabnahme kommen dabei 0,02 bis 0,05 mm in Frage, in Sonderfällen 0,005 bis 0,001 mm.

Ziehen wir aus all dem das Resumé, so ist festzustellen, daß es eine „Universal-Maschine", die für alle auf einem bestimmten fertigungstechnischen Gebiet vorkommenden Bearbeitungsaufgaben gleich wirtschaftlich einzusetzen wäre, nicht gibt. Tatsächlich wird dies in der Praxis auch kaum verlangt, und auch die vorstehende Gruppierung kann nur als ein methodischer Versuch gewertet werden. Betrachtet man aber die Vielzahl der Maschinentypen, wie sie von den verschiedenen Firmen gebaut werden und nebeneinander in den Betrieben anzutreffen sind, so ist unschwer zu erkennen, wie wichtig eine Ordnung auf diesem Gebiete ist, nicht nur für den Maschinenhersteller, sondern auch für den Verbraucher. Ohne Zweifel ist dabei zwischen der mengenmäßigen und qualitativen Leistungsfähigkeit einer Maschine zu unterscheiden. Für das umfangreiche Aufgabengebiet der spanenden Formgebung lassen sich also zwei Grenzaufgaben herausstellen:

1. Die Spanleistung, 2. die Genauigkeitsleistung.

Fassen wir z. B. die Drehleistung als Produkt von Schnittkraft und Schnittgeschwindigkeit auf, so ist ihre Grenze zunächst durch die Maschine bestimmt. Doch sind es hauptsächlich wirtschaftliche Überlegungen, die eine „Übersteigerung" der Maschinenleistung in bezug auf die aufzunehmenden Schnittkräfte und erreichbaren Schnittgeschwindigkeiten als unsinnig erscheinen lassen. Allerdings ist nicht zu bestreiten, daß der Werkzeugmaschinenbau wohl in der Lage wäre, sich den durch die Entwicklung hervorgerufenen Ansprüchen anzupassen und die Wirtschaftlichkeit zu gewährleisten. Aber damit ist es allein nicht getan, denn es muß auch der wirtschaftliche Einsatz unserer Schneidstoffe, die überhohe Geschwindigkeiten nicht zulassen, beachtet werden. So setzt die Maschinenauswahl immer einen Wirtschaftlichkeitsvergleich voraus, wobei die oben erwähnten Leistungsformen — Genauigkeits- und Spanleistung — einander gegenübergestellt werden müssen. Beide Formen können optimal nur von der einen oder anderen Maschinengattung gebracht werden, die sich hinsichtlich Konstruktion, Aufbau, Getriebe usw. wie gesagt voneinander unterscheiden. Theoretisch wäre es zwar möglich, eine Maschine zu erstellen, die beiden Forderungen gerecht wird, aber in der Praxis läßt sich dieser Weg nicht beschreiten. Es liegt vielmehr immer die Gegebenheit vor, die bestgeeignete von den zur Verfügung stehenden Maschinen unter Berücksichtigung der Fertigungsstückzahl und besonders der Wirtschaftlichkeit für die betreffenden Formungsaufgaben zu wählen. Gewiß gibt es Bedarfsfälle, wie z. B. den Reparaturbetrieb, wo der innere Aufbau der Maschinen belanglos ist und es nur darauf ankommt, daß alle im Laufe der Zeit vorkommenden Arbeiten überhaupt erledigt werden können. Sind jedoch mehrere gleichartige Maschinen in einem Fertigungsbetrieb vorhanden und muß aus Wirtschaftlichkeitsgründen einer exakten Kostenrechnung das Augenmerk geschenkt werden, spielt die richtige Maschinenwahl und Arbeitsteilung eine ausschlaggebende Rolle.

Wer nun eine neue Maschine zu beschaffen hat, steht meistens einem so großen Angebot von Maschinen gegenüber, daß es ihm nur mit großer Mühe und weitgehenden Fachkenntnissen möglich ist, die verschiedenen Erzeugnisse miteinander zu vergleichen. Erschwerend wirken sich auch die verschiedenen Bezeichnungen selbst bei gleichartigen Maschinen aus. Häufig gehen diese auf die Urbezeichnungen amerikanischer Herkunft zurück und entbehren dabei jeder Verbindung mit den heutigen Deutschen Normen. Die Rationalisierung beginnt aber mit der Bereinigung jeden Wirrwarrs, und so kann die Arbeit unserer Normenorganisationen in diesem Zusammenhang nicht hoch genug gewertet werden.

Der Vorgang, daß durch die technische Entwicklung der Anteil des Menschen an der Produktion im eigentlichen Sinne immer mehr zurückging, findet nicht zuletzt in der zunehmenden Verselbständigung der Maschine ihren Ausdruck, sonach gewinnt heutigentags eine weitere Gliederung der Werkzeugmaschine an Bedeutung. Von deren Grundtypen ausgehend sind im Laufe der Zeit reine „Produktionswerke“ entstanden, die nur noch entfernt eine Verwandtschaft mit den ersteren aufweisen. An die Stelle des Einzelwerkzeuges ist eine Vielzahl von Werkzeugen getreten, die entweder hintereinander oder gleichzeitig am Werkstück zum Eingriff kommen, also ein mehr oder weniger kompliziertes „Fertigungssystem“ ergeben. Allein diese Maschinen setzen entsprechende Mengen voraus, sind kostspielig und nur bei erhöhter Leistungsausnutzung rentabel. Aus den Verhältnissen der modernen Industrie abgeleitet, haben wir es hier mit vier Arten von Maschinen zu tun:

1. Unselbständige Maschinen (z.B. Drehbänke, Fräsmaschinen usw.);
2. Geringselbständige Maschinen (z.B. Revolverdrehbänke);
3. Halbselbständige Maschinen (z.B. Halbautomaten);
4. Vollselbständige Maschinen (z.B. Automaten).

Sinngemäß kann diese Gruppenbildung auch auf andere Maschinenarten übertragen werden. Was die mehr oder minder selbständigen Maschinen vor allem auszeichnet, ist, daß ein Arbeiter mehrere Maschinen gleichzeitig bedienen kann. Danach hat jeder Fertigungsplaner stets zu erwägen, welche Maschinenart von Fall zu Fall als die geeignetste erscheint. Zur Veranschaulichung des Gesagten sei eine im Volkswagenwerk 1940 durchgeführte Untersuchung hier angeschlossen. Es handelt sich dabei um das Drehen eines Schieberadkörpers (Tafel 8), von welchem in 8 Stunden 190 Stück zu fertigen sind.

Das Beispiel ist ohne Kommentar verständlich und bietet zugleich eine Orientierung über die Arbeitsteilung der Drehmaschinen. Bringen wir die bisher diskutierten Prinzipien und Richtungen der möglichen Klassifizierungen unserer Werkzeugmaschinen auf einen Generalnenner und halten uns dabei an die Wirklichkeitsnähe, so erscheint eine Gliederung nach der fertigungstechnischen Bedeutung

Maschinenart	Spindel-zahl	Masch.-zahl	Bedienung		Platz-bedarf m²
			Einsteller	Maschinen-Arbeiter	
Drehbank	1	28	1	28	234
Revolverbank	1	12	1	12	130
Vollautomat	1	6	1	3	105
Halbautomat	4	2	1*	1	50

* Der Einsteller ist nicht ausgefüllt, er könnte 3-5 Maschinen betreuen.

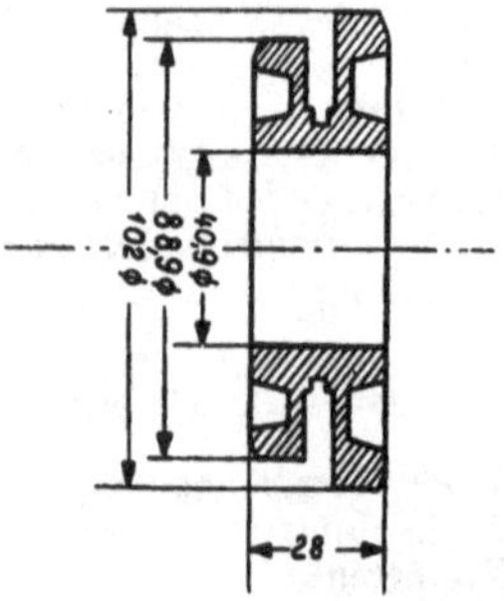

Tafel 8. Maschinen- und Bedienungsplan für Zahnrad-Drehen

der Maschinen als die sinnvollste. Konsequenterweise kann es auch kaum eine bessere Methode geben, weil diese die wirtschaftlichen Überlegungen mit einschließt. Dafür eignet sich der im Betrieb übliche Beurteilungsmaßstab am besten, der nicht nur den betrieblichen Gegebenheiten Rechnung trägt, sondern auch den historischen Tatsachen und der Entwicklung der Werkzeugmaschinen entspricht. Zuletzt sollen die verschiedenen jetzt untersuchten Richtungen in einer Übersicht zusammengefaßt werden, um damit noch einmal den ganzen Fragenkomplex und die prinzipiellen Beziehungen der Werkzeugmaschinen zueinander festzuhalten. Somit lassen sich die Werkzeugmaschinen unterscheiden nach:

1. dem zu formenden Werkstoff,
2. betriebswirtschaftlichen Gesichtspunkten,
3. Normengruppen,
4. formtechnischen Prinzipien,
5. Spanbildungsarten,
6. Spanleistung und Genauigkeitsleistung,
7. dem Selbständigkeitsgrad,
8. der fertigungstechnischen Bedeutung.

24 Typen und Normen

Es besteht freilich kein Mangel an Fachliteratur über Rationalisierungsmaßnahmen, darin eingeschlossen das Sondergebiet „Norm und Normung", und man muß sich schon fragen, ob überhaupt ein Bedürfnis vorliegt, diese Dinge auch hier zu untersuchen. Wesentlich bescheidener und wenig zuverlässig sind daneben die Versuche einer Orientierung über den Terminus „Typus bzw. Typ und Typung". Typologisch gemeinte Erkenntnis tritt uns jedoch in mannigfacher Weise entgegen, so daß es unverkennbare Schwierigkeiten bereitet, wenn man ihre wirkliche Bedeutung systematisch zu klären versucht. Wer sich aber in der Normung und Typisierung zu beschäftigen hat, weiß, wie sehr dieses Wirken durch die Verschiedenheit des Sinnes beeinträchtigt wird. Darum erscheint es gerechtfertigt oder gar erwünscht, mit der elementaren Behandlung des Typ- und Normbegriffes zu beginnen. Sprechen wir vom Begrifflichen, so geschieht dies natürlich nicht ohne Beziehung auf die vorangegangenen Begriffsbestimmungen der Werkzeugmaschine schlechthin. Jedenfalls sehen wir uns vielen Fremdworten gegenübergestellt, die sich in den letzten Jahrzehnten immer mehr in den allgemeinen Sprachgebrauch eingebürgert haben, und obwohl sie nicht leicht eindeutig zu präzisieren sind, in uns doch ganz bestimmte Vorstellungen wecken. Solange man diese aber nicht aus ihren Entstehungsgründen heraus begriffen hat, gewinnen sie keinen sicheren Halt und bleiben eben nur „Schlagworte" bzw. unverstandene Fachausdrücke.

Dem Praktiker mag es vielleicht gestattet sein, theoriefrei und ohne jede Voreingenommenheit an solche Ausdrücke heranzugehen, und sie für sich sprechen zu lassen. Er wird auch aus einem gewissen Zeitmangel mehr dem gesunden Menschenverstand folgen als sich bei längeren theoretischen Betrachtungen über die Bedeutung der verschiedenen Terminologien aufhalten wollen; denn warum sollte er auch den von aller Welt ausgesprochenen Worten mißtrauen, wo für ihn die praktische Bedeutung ganz außer Frage steht. Nichtsdestoweniger erscheinen Bemühungen um konkrete Definitionen keineswegs wertlos, dies schon deswegen, weil die Lehrmeinungen über den Typus- und Normbegriff oft auseinander gehen und es eine eigentliche Typologik der Maschinentechnik noch nicht gibt. Hiernach ist es klar, daß auch das Zweiggebiet Werkzeugmaschine der Technik zur Bestimmung seiner Typen eine eigene Typologie bzw. kurz „Typik" braucht. Mit dem Aufschlagen eines Wörterbuches ist es offensichtlich, wie die nachfolgenden Erörterungen zeigen werden, nicht immer getan.

Untersuchen wir gleich am Anfang die Geltungsbereiche von Begriff und Typus, um damit nicht nur eine Brücke zu dem früheren

Abschnitt „Begriffsbestimmungen" zu schlagen, sondern auch diesbezügliche Zweifel von vornherein auszuschalten. Bei allen unseren Betrachtungen ist das Augenmerk darauf gerichtet, daß Begriff und Typus nicht miteinander verwechselt werden dürfen, wie das tatsächlich zuweilen geschieht, sie sind nicht ein und dasselbe; beide heben sich grundsätzlich dadurch voneinander ab, daß der Begriff mehr eine abstrakte Vorstellung ist, also nur auf Allgemeines schlechthin zutrifft, während der Typus durch ein „ganzheitliches einmaliges Allgemeines" bestimmt wird, also etwas Objektives ist. Je mehr Gegensätze indes der Begriff umfaßt, desto allgemeiner ist er, wie das auch die Begriffsbestimmungen der Werkzeugmaschine gezeigt haben. Der Begriff ist aber niemals das Wort selbst, wie es beim Typus zutrifft. In diesem Sinne läßt sich wohl für die Werkzeugmaschine als ein mehrmaliges Allgemeines der Begriff eindeutig einräumen, hingegen nicht ohne weiteres z.B. für die Drehbank, der man bedeutungsgeschichtlich nicht einmal die Bezeichnung „Maschine" zu erkennt, was sie ganz offensichtlich aus ihrem Verhältnis zu den Einzeldingen als Typus erkennen ließe. Analoge Beispiele sind der Schnellhobler, das Fräswerk, das Bohrwerk, der Automat usw., die nicht minder ganzheitliches einmaliges Allgemeines darstellen. Grundsätzlich ist danach Typus eben die eine Wesensform im Unterschied zu den vielen Sonderformen, d.h. es gibt immer nur einen Typus. Streng genommen ist beim Typus auch die Rede von der Stufenreihe eigentlich nicht gerechtfertigt — beispielhaft hierfür ist der Volkswagen —, geradezu falsch ist es vom „besonderen Typus" zu sprechen. Gewiß ist der reine Typus ein seltener Fall; in unserem Zusammenhang wird daraus verständlich, daß man ihm häufig eine gewisse Mittelstellung zwischen Individuum und Begriff einzuräumen pflegt, offenbar darum, weil der Typus dem Individuum wegen der gemeinsamen Gegenständlichkeit bzw. Wirklichkeit nahesteht, dem Begriff wiederum in der Allgemeinheit verwandt ist. Weiter können wir hier nicht ins Detail gehen, aber über eine besondere Begriffsbestimmung möchte doch kurz gesprochen werden. Es handelt sich dabei um den „Begriffs-Inhalt", unter welchem wir prinzipiell das Gesamt der Merkmale eines Objekts verstehen, im Gegensatz zu dem sogen. „Begriffsumfang", in dessen Sinne es liegt sich auf eine Gattung (etwa dem Typus gleichzusetzen) als Einheit bzw. Klasse zu beschränken.

Betrachtet man ferner alle die verschiedenen Ausdrucksformen des Typus, so ist eine gewisse Gegensätzlichkeit je nach Herkunft der Typen (Ort, Zeit, Zweck, Einstellung usw.) unverkennbar. Schon in der Mehrzahlform „die Typen" schimmert klar eine dreifache Gliederung ihrer Bedeutung im Einzelnen hindurch:

1. der Typ bzw. Typus (vom griech. typos)
2. die Type (Druckbuchstabe, Letter)
3. das Typ (Lichtbild, Sinnbild, Urbild).

Allein das dem Griechischen entstammende Fremdwort (Typus) weist eine fast verwirrende Bedeutungsverschiedenheit auf, wie den durch schlag erzeugten Formabdruck (von týptein = schlagen), das Gepräge, Muster, Vorbild, Grundgestalt, vollgültiger wahrheitsgetreuer Vertreter. Oft sind es wissenschaftlich bedingte Sinngebungen, die zu besonderen Darstellungen des Wortes Typus führten, so daß man sich des Eindrucks der Willkürlichkeit nicht immer erwehren kann. Beispielsweise sei nur auf die verschiedenartigen typologischen Betrachtungsweisen der Psychologie, Anthropologie, Zoologie, Botanik und auch der Technik hingewiesen, die schwerlich einheitlich anwendbare Fachausdrücke entstehen ließen. Mittels des Typus gelangten diese Disziplinen immerhin zur Kenntnis von bestimmten Gegebenheiten hinsichtlich Menschenrassen, Formen, Funktionen, Tieren, Pflanzen, Arten oder Bauarten usw. Darüber hinaus findet der Begriff Typus in der Betrachtung von zeitlich wiederkehrenden, periodischen Bewegungsformen Anwendung. So besteht z. B. auf dem Gebiete der Wirtschaftsstatistik bei der Messung des Jahresganges die Aufgabe in der Abtrennung einer „typischen" etwa eine einjährige Periode besitzenden Bewegung von der Zeitreihe.

Jeder Fachwissenschaftler geht jedenfalls von der Erkenntnis aus, daß seine in ihrer Besonderheit gekennzeichneten Typen einfach Typen schlechthin sind. Wie weit aber die auf diese Weise feststellbaren Typen als solche allgemein anzuerkennen sind, wird selten geklärt. Doch wie die Erfahrung lehrt, scheint es auch ohne ein vertieftes Wissen auf dem Gebiete der speziellen Typik möglich, eine Beurteilung von Sachen und Personen unter dem Gesichtspunkt von Typen durchzuführen und es genügt offenbar eine gewisse Kenntnis vom Typus überhaupt zu haben.

Indessen ist damit der Begriff Typus noch keineswegs geklärt, es muß auch gefragt werden: was bedeutet das Wort schlechtweg und was ist als Typus überhaupt anzuerkennen? Dazu einige Beispiele aus der Praxis. Werfen wir einen Blick auf den Tornos-Automaten, so ergibt sich vor allem das Bild des „Typus-Langdreher", gleichermaßen gilt das bei der Beurteilung eines Ingenieurs, wie z. B. Porsche, den wohl jedermann als den „Konstrukteur-Typus" anerkennen wird. Aber wenn man bedenkt, daß Langdreher nicht nur von Tornos, sondern auch von Junghans, Thiel und Pittler im Grunde nach demselben System des längsbeweglichen Spindelstockes bzw. seiner Werkstofführung gebaut werden und es in den verschiedenen Industriewerken viele verantwortliche Konstrukteurtypen gibt, so wird offensichtlich, daß sich ein Typus nicht durch die „Einmaligkeit“ sondern geradezu durch die „Mehrmaligkeit“ auszeichnet, was überdies auch schon bei dem Hinweis auf das Beispiel Drehbank in ähnlichem Sinne aufgewiesen wurde. Läßt man nach diesen Erwägungen den angeführten Vertretern ihres Typus ein gewisses einmaliges Etwas als das ihnen Eigentümliche gelten, so bleiben sie dennoch „Repräsentant“ ihres Typs. Und zieht man das Typische des Langdrehers, um bei dem unterstellten Beispiel zu verbleiben, bei der Konstruktion Tornos vom Gesamttypus ab, so bleibt immer noch dessen Besonderheit übrig, wie dies genau so bei den anderen Konstruktionen der erwähnten Firmen zutrifft. Mithin ist klar, daß das Wort Typus in unserem Falle nicht einfach der griechischen Sinngebung wie Muster, Urbild, Formabdruck usw. gleichgestellt werden kann. Vielleicht kommt der Ausdruck „Gattung“ dem Wort Typus am nächsten, sofern sie als „Gesamt der Merkmale“, d.h. eben als Allgemeines verstanden wird.

Aus der Untersuchung der angezogenen Beispiele — Langdreher- und Konstrukteur-Typ — resultiert noch ein Weiteres, wenn man den Blick auf einige bestimmte Eigenschaften wie hohe Genauigkeit und hohe quantitative Leistung beim Langdreher bzw. treffsichere Ruhe der Systematik und Schöpfergeist beim Konstrukteur richtet. Es ist nicht alles *typisch*, was im allgemeinen Sprachgebrauch als solches bezeichnet wird, oft sind es mehr *charakteristische* Merkmale, wie die eben aufgewiesenen Eigenschaften, die man meint besonders herausheben zu müssen. Bei dem Ausdruck Typus handelt es sich jedenfalls stets um eine „Eigenschaftsganzgeit“ und diese ist bei den Tornos-, Junghans-, Thiel- und Pittler-Langdrehautomaten zweifellos übereinstimmend, sie ist also ein mehrmaliges Allgemeines und besteht darin, daß nicht der Schneidstahl, sondern eben das Werkstück in Längsrichtung verschoben wird. Hingegen ist es für alle Drehbänke typisch, daß nicht das sich drehende Werkstück, sondern der Stahl den Vorschub erfährt; charakteristisch ist es indessen, daß die meisten Spindelkasten-Getriebe heute nach Normzahlen gestuft sind. Aber es gibt auch Spindelkasten mit stufenloser Drehzahlregelung (hydraulisch, elektrisch, mechanisch), so daß das Merkmal des Allgemeinen hierfür nicht zutrifft. Ergänzen wir diese Feststellungen noch durch ein Argument von Prof. E. Heyde: „Nicht einzelne, gesonderte Eigenschaften lassen sich etwa als „Typen“ behaupten, sondern immer nur Allgemeines (universalia) in dem Sinne von Eigenschaftsganzen, sozusagen „Querschnittseinheiten“. Zuletzt noch ein Wort von mehr sprachlicher Bedeutung: Falsch ist es zweifellos vom Typus eines Gegenstandes, wie z.B. dem „Typus des Langdrehers“ zu sprechen, richtig ist es vielmehr, der „Typus Langdreher" zu sagen; analog darf es auch nicht heißen der „Typus des Konstrukteurs" sondern es gibt einfach den „Typus Konstrukteur".

Nach diesen Orientierungen muß die Frage interessieren, was praktisch zu tun ist, um zur Feststellung des Typus zu gelangen. In der Regel wird man aus einer Vielzahl von Gegenständen, etwa aus dem Maschinenpark eines Betriebes oder aus den auf einer Mustermesse gezeigten Maschinen bestimmte Typen ermitteln, wie das im allgemeinen durch die Berichterstatter geschieht. Hierbei werden die Typen nicht erst konstruiert oder erfunden, sondern sie erscheinen dem Betrachter gewissermaßen als „Realtypen". Andererseits erwartet man vom Konstrukteur einer Maschine, daß er möglichst alle ihm einfallenden oder von ihm zusammengestellten Eigenschaften, die für zweckmäßig erkannt sind, in der Neukonstruktion zu verwirklichen sucht, damit eine Art „Idealtypus" entsteht. Ein solcher Weg wurde, um nur ein Beispiel zu nennen, in vorbildlicher Weise von den Firmen Gebr. Boehringer, Franz Braun, Heidenreich & Harbeck, H. Wohlenberg gemeinsam beschritten, der dann in den 20er Jahren zur Entwicklung der VDF-Einheitsdrehbank geführt hat, die nebenbei bemerkt kaum jemand als „Norm-Konstruktion" bezeichnen dürfte. Daher wird auch die gelegentlich anzutreffende Auffassung, daß die „Typung" eine Normung von Endergebnissen, wie z.B. Werkzeugmaschinen, zum Unterschied der „Normung" technischer Grundelemente und selbständiger Einzelteile sei, den Tatsachen nicht gerecht, Typ und Norm sind unbestreitbar zwei verschiedene Dinge, was bereits die vorangegangenen Untersuchungen erkennen ließen. Im Typ lösen sich gewissermaßen die Normen in kausale Beziehungen auf, so daß allein das Phänomen Typus redet, wobei der Begriff das Sprachrohr abgibt. Den Weg zur Typ-Findung möchte vom wirtschaftlichen Standpunkt offenbar die sogen. „Typ-Normung" zeigen, ein Fachausdruck überdies, der exakt-wissenschaftlich sicher nicht zu billigen ist. Zwar kann darin eine gewisse Beziehung zu dem englischen Ausdruck „regular type" = Normal-Konstruktion gesehen werden, wobei regular soviel wie regelmäßig, ordentlich, richtig besagt, und in einer anderen Verbindung läßt sich „latest type" in neueste Bauart übersetzen.

Schließlich wird unsere Typung bzw. Typisierung praktisch und schlechthin eine Typenbegrenzung, Vereinfachung, Bereinigung, Verringerung, Reduzierung usf. von Typen verstanden, die sowohl beim Entwurf eines Gegenstandes, also im Stadium der Entstehung einer Type, als auch bei der nachträglichen Überprüfung vorhandener Typen aus wirtschaftlichen Gründen, d.h. im Sinne der Rationalisierung wirksam sein soll. Für ihre Bedeutung legt vor allem die Eingliederung der einzelnen Typen in den höheren Organismus Wirtschaft Zeugnis ab, die zweckmäßig unter Beachtung einer gesetzmäßigen Größenreihe bzw. von Normzahlen erfolgt. Ohne in diesem Zusammenhang ausführlicher zu werden, ist festzustellen, daß der Vorgang des „Typens“ im Bereich der Wirtschaft und Technik sich in erster Linie nach kaufmännischen Gesichtspunkten vollzieht, während der Vorgang des „Normens“ vorwiegend technisch schöpferisch ist. Überdies dürfte „Typen und Normen“ als Tätigkeitsform sich ohne Zweifel besser anhören als „Typisieren und Normieren“ bzw. „Typung und Normung“, und analog heißt ja auch der DNA nicht Deutscher Normungsausschuß sondern im gleichen Sinne Deutscher Normenausschuß.

Das Typen als einen Zweig des Normens zu betrachten, erscheint bei der Verschiedenheit der Aufgabenstellung nicht sinnfällig; daß sich Ersteres auf die Ergebnisse des Letzteren stützen soll, ist selbstverständlich. Wenn auch beide Tätigkeiten im allgemeinen dasselbe Hauptziel verfolgen, nämlich zu einer Verbesserung der Wirtschaft und des Lebensstandards beizutragen, so darf man sie trotzdem nicht gegenseitig unterordnen wollen. Man wird das ebensowenig zwischen Wirtschaft und Technik tun, deren Verhältnis zueinander sich sinngemäß hier vergleichen läßt. Zudem reicht das Typenproblem weit über unsere Zeitrechnung zurück, während der Ausdruck Norm nachweislich erst vor etwas über hundert Jahren durch Fichte geprägt worden ist. Wichtig ist auch anzumerken, daß das Typen grundsätzlich freiwillig geschieht, während sich das Normen aus einem natürlichen Zwang ergibt. Das Typen schafft jedenfalls nicht das strenge, festgefügte Ordnungsprinzip, wie es beim Normen der Fall ist. Neben den Nützlichkeitserwägungen können bei der Typenbildung durchaus auch künstlerische und ästhetische Momente maßgebend sein, obwohl das Typen mit Fragen des persönlichen Geschmacks oder sonstiger individueller Neigungen im allgemeinen nichts zu tun hat. Wenn aber bei den Typen eine gewisse Individualität berücksichtigt wird, so ist vielleicht der Gedanke berechtigt, der darauf hinzielt, daß die Lebenszeit einer Type unter Umständen kürzer ist als die einer Norm, bei der Type dürfte in jedem Falle mit einer schnelleren Umbildung und Anpassung an den technischen Entwicklungsstand zu rechnen sein als bei der Norm. Erfolgt das Normen bestimmter Dinge vor dem Typen, so wird dieses umso leichter von statten gehen, wie umgekehrt durch ein vorangegangenes Typen sich der Umfang der zu bearbeitenden Einzelheiten beim Normen von vornherein weitgehend verkleinern läßt. Indem man die Typen verringert, wird von selbst die Normenarbeit auf ein Mindestmaß gebracht, was gleichbedeutend mit Kraft- und Zeitersparnis ist. Als Vorbild dafür, welche Möglichkeiten eine planvoll durchgeführte „Typenbereinigung“

bietet, mag folgendes Beispiel aus dem Werkzeugmaschinenbau (Tafel 9) vom Jahre 1943 dienen.

Hinter diesem positiven Ergebnis stehen vor allem die wirtschaftlichen Vorteile wie Konzentration der Fertigung, Arbeitsvereinfachung, erleichterter Arbeitseinsatz, reduzierte Lagerbestände, erhöhte Liefersicherheit, verbilligter Preis, verbesserte Qualität u.a.m. Auf einigen anderen Gebieten des Maschinenbaues ließ sich sogar eine völlige Ausschaltung von weniger benutzten Typen erreichen. Interessant ist auch, daß die prozentuale Verringerung bei den Werkzeugmaschinen für ältere Bearbeitungsverfahren meistens erheblicher ist als bei den Maschinen moderner Verfahrenstechniken, wie z. B. Schleifen und Läppen; offenbar wurde bei den in neuerer Zeit entstandenen Werkzeugmaschinen gleich von Anfang an auf die Typenbegrenzung geachtet.

Da die moderne Industrie ohne Normen nicht mehr denkbar ist, ergibt sich die Einführung der Norm gewissermaßen von selbst. Mit den Normen werden allen in der Wirtschaft Tätigen Hilfsmittel an die Hand gegeben, die sie von unnötiger immer wieder auftretender Kleinarbeit entlasten und für nutzbringendere, individuelle Arbeit freimachen. Für den erkennenden Menschen bedeutet die Norm freilich mehr als die „gleiche Lösung" einer sich wiederholenden Aufgabe. In der Wirtschaft bietet die genormte Ware im allgemeinen die Garantie für Qualität, Preiswürdigkeit, den Vorzug der Austauschbarkeit und jederzeitigen Liefermöglichkeit. Leider hat sich diese Erkenntnis noch nicht überall durchgesetzt und es gibt tatsächlich Bedarfsfälle, wo die genormte Ware schwieriger zu erhalten ist als die ungenormte. Hier stehen wir vor einem der wichtigsten Rationalisierungsprobleme, für deren Lösung der Boden offensichtlich noch nicht genügend vorbereitet zu sein scheint, denn die Forderung nach genormten Massengütern zu günstigsten Preisen wird von Seiten des großen Publikums noch nicht mit dem notwendigen Nachdruck erhoben. Amerika ist in dieser Beziehung entschieden weiter fortgeschritten. Nicht ganz unschuldig daran ist der Handel, der scheinbar bei der Erfüllung von Sonderwünschen mit einer größeren Gewinnspanne rechnet und deswegen das Normen als eine gewisse Einengung der individuellen Wünsche empfindet.

Daher bedarf es noch mancher Aufklärungsarbeit über den Wert des Normens, aber auch vieler praktischer Maßnahmen auf Seiten der Produktion, die stärker zum Kauf der Normware reizen müssen. Sind erst die Vorzüge derselben erkannt, so wird der Interessentenkreis für das „Übernormale" ebenso wie für das „Unternormale" immer kleiner werden, weil beim ersteren der Preis ungewöhnlich hoch und beim letzteren die Lebensdauer in der Regel zu gering ist.

Werkzeugmaschinen-Arten	Zahl der Typen		Typenzahl-Verringerung in %
	vorher	nachher	
Spitzendrehbänke	223	41	82
Plandrehbänke	15	8	47
Mechaniker-Drehbänke	71	10	86
Nachdrehbänke	12	3	75
Hinterdrehbänke	7	5	28
Vielstahl-Drehbänke	12	9	25
Revolverdrehbänke	86	35	60
Halbautomaten	17	9	47
Form- u. Schraubenautomaten	32	5	85
Mehrspindel-Automaten	13	6	54
Langdreh-Automaten	13	5	62
Hobelmaschinen	46	16	65
Stoßmaschinen	107	18	83
Fräsmaschinen	267	45	83
Bügelsägen	104	17	84
Kreissägen	28	16	43
Bohr- und Fräswerke	55	17	70
Bohrmaschinen	230	74	68
Räummaschinen	48	14	71
Rundschleifmaschinen	168	76	55
Flachschleifmaschinen	171	53	69
Läppmaschinen	20	11	45
Werkzeug-Schleifböcke	251	28	89
Universal-Werkzeugschleifm.	68	15	78
Stähle-Schleifmaschinen	124	29	77
Spiralbohrer-Schleifmaschinen	31	14	55
Insgesamt	2219	579	74

Tafel 9. Werkzeugmaschinen-Typen-Verringerung 1943

Zwischen den beiden Extremen liegt jedenfalls die Norm, die bei zweckmäßigster Form, entsprechender Güte und Sicherheit eine ausreichende Lebensdauer bietet. Diese Betrachtungsweise ist insbesondere auf die verschiedenen Güteklassen unserer Werkzeugmaschinen anzuwenden, und es ist kein Geheimnis, daß in den meisten Fällen danach eingekauft wird. Es scheint jedoch erforderlich, daß neben den allgemeinen Normen, meist technischer Art, auch Güte- und Sicherheitsvorschriften geschaffen werden, die es dem Nichtbranchekundigen ebenso wie dem Fachmann ermöglichen, die benötigten Waren zu niedrigstem Preis bei gleichzeitig ausreichender Güte zu erwerben.

Normen können nun auf verschiedenen Ebenen entstehen, als „Werksnormen" im eigenen Betrieb, als „Fachnormen" in Fachgemeinschaften, als „Ländernormen" innerhalb der verschiedenen Volkswirtschaften, als „internationale Normen" in entsprechenden weltumfassenden Gremien. Zwar gibt es gegenwärtig noch keine Organisation, die berechtigt wäre, die verschiedenen Länder als Ganzes zu vertreten, was nicht heißen soll, daß es an der Zusammenarbeit der Länder auf dem Gebiete des Normens bislang gemangelt hätte. Hervorzuheben sind die internationalen Normenvorschläge für die verschiedenartigsten technischen Probleme der ISA (International Federation of the National Standardizing Associations), insbesondere der sogen. ISA-Toleranzen und -Passungen als die ausgereifteste Arbeit, die unter dieser Bezeichnung in die Ländernormen zahlreicher Staaten eingegangen sind. Neuerdings ist an die Stelle der ISA die ISO (International Organisation for Standardization) getreten. Der Zweck dieser Organisation ist die Förderung des Normens in der Welt, um den Austausch von Gütern und Dienstleistungen zu unterstützen und die gegenseitige Zusammenarbeit im Bereich des geistigen, wissenschaftlichen, technischen und wirtschaftlichen Schaffens zu entwickeln. Zur Durchführung dieser Normen-Arbeit bedient sich die ISO z.Zt. 76 technischer Komitees (TC), von welchen die für den Werkzeugmaschinenbau wichtigsten mit ihren geschäftsführenden Sekretariaten in Tafel 10 zusammengestellt sind.

Eine solche Übersicht über die speziell den Werkzeugmaschinenbau interessierenden Normengebiete ist zugleich Ausdruck einer möglichen internationalen Zusammenarbeit. Wahre Gemeinschaft ist grundsätzlich ohne ein intensives normenbildendes, schlechthin alle Lebensbereiche durchdringendes Schaffen nicht denkbar. Die Norm als ordnendes Prinzip unseres Lebens begleitet uns auf Schritt und Tritt und wirkt in allem, wie andererseits der „Nomos" im allgemeinen die Gemeinschaft ordnet, wobei auch die gemeinschaftsordnende Wirkung des Normens nicht zu unterschätzen ist. Weil dem

ISO/TC	Normengebiet	Sekretariat
1	Schraubengewinde	Schweden
2	Schrauben, Muttern und Zubehörteile	Polen
3	Passungen	Frankreich
4	Wälzlager	Schweden
16	Keile	Belgien
17	Stahl und Eisen	Groß-Britannien
19	Normzahlen	Frankreich
25	Gußeisen und Stahlguß	Groß-Britannien
32	Keilwellen und -Naben	Frankreich
39	Werkzeugmaschinen (allgemein)	Groß-Britannien
41	Riementriebe	Frankreich
49	Gewindetoleranzen	Schweiz
57	Oberflächenbeschaffenheit	UdSSR
60	Zahnräder	Belgien
70	Begriffe für Maschinen	Niederlande

Tafel 10. ISO-Komitees (TC), insbesondere für den Werkzeugmaschinenbau

so ist, bestehen durch die Normen unübersehbare Verbindungen und Verkettungen nicht nur zwischen Einzelpersonen, sondern auch zwischen den zahlreichen Unternehmungen, Wirtschaftsorganisationen, Wissenschaftszweigen, Behörden usw. Überall fördert die Norm die Gemeinschaftsleistung und trägt zur Gemeinschaftsbildung überhaupt bei. Ursprünglich wurde sie auf das Rechtsgesetz angewendet und bedeutete soviel wie das positive Gesetz.

In der Tat gibt es auch in der Wirtschaft Bestrebungen, einen behördlichen Zwang, d. h. eine gesetzlich geregelte Verpflichtung zur Einführung der Normen herbeizuführen. Derartige staatliche Maßnahmen haben jedoch die belastende Auswirkung, daß wegen des jeweils notwendigen langwierigen Genehmigungsverfahrens den wirtschaftlichen Belangen, die eine schnelle Anpassung an etwaige Veränderungen im Wirtschaftsleben verlangen, nicht schnell genug entsprochen werden kann. So erfolgt die Einführung von Normen in den meisten Fällen auf Grund eines „Naturgesetzes", an das sich die Industrie und Wirtschaft auch ohne äußeren Zwang im eigenen Interesse gebunden fühlen. Gleichwohl das Normen dabei formell keinen Gesetzescharakter hat und sich auf die „Empfehlung" beschränkt, wirkt es dennoch auf eine Weise verbindlich, die einem Gesetz sehr nahe kommt. Ferner ist zu bedenken, daß die Normen überwiegend von verbandsmäßig zusammengeschlossenen Organisationen bzw. Arbeitsausschüssen ausgearbeitet werden, so daß an ihrer Sachlichkeit wohl kein Zweifel besteht. Im Gegensatz zu den Geflogenheiten der westlichen Länder ist im Osten Europas die staatliche Verbindlichkeitserklärung üblich.

Die Zentralstelle für die deutsche Normengestaltung ist der Deutsche Normenausschuß (DNA), der Deutschland auch in der ISO vertritt und die Verbindungen zu den internationalen Normen-Organisationen pflegt. In diesem werden durch Gemeinschaftsarbeit in entsprechenden Fachausschüssen und Normengruppen die Deutschen Normen, die das Zeichen DIN tragen, erstellt. Auf die Werkzeugmaschinen-Normengruppen ist bereits in Abschnitt 23 bei der

Fachgebiete	Zahl der Normblätter
Maschinenbau	1 560
Werkzeuge und Werkzeugmaschinen	980
Elektrotechnik	980
Eisenbahnwesen	880
Bergbau	650
Schiffbau	610
Bauwesen	575
Fahrzeugbau	420
Textil-Industrie	240
Chemisches Apparatewesen	240
Werkstoffprüfung	200
Hauswirtschaft	175
Landwirtschaft	160
Grundnormen und verschiedene Gebiete	500
Gesamt:	8 200

Tafel 11. Verteilung der Deutschen Normen (Stand 1952)

Klassifikation der Werkzeugmaschinen hingewiesen worden, nähere Angaben über die bisher erschienenen Norm-Blätter sind in den Norm-Blätter-Verzeichnissen des DNA zu finden. Über den Anteil des Werkzeugmaschinenbaues an dem Deutschen Normenwerk gibt die Aufstellung Tafel 11 Auskunft. Danach fällt ein beachtlicher Teil der heute vorhandenen Normen auf den Werkzeugmaschinenbau. Dabei ist in Betracht zu ziehen, daß es sich bei den anderen Fachgruppen zum Teil um eine Zusammenfassung mehrerer Fachgebiete handelt. Näher auf den Inhalt der Normblätter hier einzugehen, ist verständlicherweise nicht möglich, in der Hauptsache sind die neueren Werkzeugmaschinen-Normen unter den Gruppennummern DIN 55 000 zu finden. Trotz der offensichtlichen Vorteile, die das deutsche Normenwerk bietet, ist die Einführung von Normen häufig mit großen Schwierigkeiten verbunden, und kaum ein anderes Gebiet ist lebhafter umstritten, weil es sich hierbei nicht um leblose Gebilde, sondern um die Zusammenarbeit von Menschen handelt mit all ihren Verschiedenheiten in Können, Grundsätzen und Erfahrungen.

Wenden wir uns am Ende dieses Abschnittes noch dem Gedanken einer Weltnorm zu, so stehen wir den größten Hinternissen gegenüber, die uns die Weltnorm als Phantom erscheinen läßt. Denn solange in der Welt zwei Maß-Systeme benutzt werden, sind den internationalen Normen natürliche Grenzen gesetzt. Welche Erschwernisse sich daraus z.B. für den Export von Werkzeugmaschinen ergeben, zeigt schon der Versuch, die Drehspindelköpfe mit Zentrierkegel oder Flansch zu normen. Hingegen sollen bei der Aufstellung neuer DIN- oder Werksnormen soweit als möglich die Normen anderer Länder herangezogen werden. Das fällt nicht immer leicht, denn in anderen Ländern fehlt häufig eine dem DNA gleichzusetzende zentrale Normenorganisation. So sind z.B. in Amerika, entsprechend der dort herrschenden liberalen Wirtschaftsauffassung, einige Großunternehmen für die Festlegung von Normen richtunggebend. Darüberhinaus unterhalten Versicherungen Institute, in denen die meistgebrauchten Erzeugnisse vor allem auf Unfallsicherheit untersucht werden. Auf diese Weise anerkannte Waren erhalten dann „Standard-Charakter", was in etwa unserer Norm entspricht, aber nicht ein und dasselbe darstellt. In Fachkreisen ist nun nicht unbekannt, welche Werkzeugmaschinen als Standard-Erzeugnisse gelten und wie sich diese durch Konstruktion, Qualität, Leistung, Lebensdauer usw. auszeichnen, sie genießen durch ihre „feststehenden" (standard) Eigenschaften Vertrauen, ohne daß dabei nach ihrer Beziehung zur Norm gefragt wird; der Norm können auch zweitrangige Erzeugnisse entsprechen, deren Hersteller sich sogar häufig besonders darauf berufen.

Nun ist der Wunsch des Technikers, dauernd etwas Neues zu schaffen, verständlich; denn es liegt in der Natur des Menschen in erster Linie technisch schöpferisch zu sein, während wirtschaftlich zu handeln eine ausdrückliche Disziplinierung und nicht zuletzt die zivilisatorische Entwicklung der letzten fünf Jahrzehnte voraussetzt. In dieser Sehweise ist bei jeder Einführung einer Neuerung, auch einer neuen Norm, stets zu fragen, ob die Neuerung auch wirklich eine Verbesserung bedeutet. Deswegen sollte die einmal festgelegte Norm nicht ohne hinreichenden Grund geändert werden. Maßstab für die Beurteilung der Norm ist letztlich die Zweckmäßigkeit und Wirtschaftlichkeit, wodurch auch aller Normenfreudigkeit die Grenze gesetzt wird. Wichtig ist ferner die Wahl des richtigen Zeitpunktes für die Einführung oder Änderung einer Norm. Ist eine Produktion, die, wenn sie rationell sein soll, sich Vorrichtungen und sonstiger Spezialeinrichtungen bedient, einmal angelaufen, so kann das „zu späte" Normen unter Umständen die größten Schwierigkeiten und Kosten verursachen. Ein Beispiel hierfür: von drei namhaften Firmen des Werkzeugmaschinenbaues wurden bis zum Jahre 1940 zusammen rd. 45 000 Trommelrevolver-Drehbänke geliefert, die mit ca. 150 000 Werkzeugen ausgerüstet waren. Da erschien das DIN-Blatt 1815, welches anstelle der seit über 40 Jahren üblichen Werkzeug-Aufnahmelöcher der Revolverköpfe mit 15, 30, 35, 38 und 65 mm Durchmesser die Maßzahlen 16, 32, 40, 70 und 70 vorschrieb. Auf Grund des „Standard-Charakters" der betreffenden Maschinen waren aber die alten Maßzahlen im Laufe der Zeit von selbst praktisch zur Norm geworden. Wäre die neue Norm nach DIN 1815 eingeführt worden, so hätten nicht nur alle Revolverköpfe geändert, sondern auch die 150 000 Werkzeuge verschrottet werden müssen. Möge daraus der Konstrukteur die Lehre ziehen, daß solche Situationen zu vermeiden sind, wenn er von vornherein mit den sogen. „Normzahlen" rechnet. Die Bücher von Kienzle und Berg bieten dafür die besten Orientierungen.

Regeln und Richtlinien für die richtige Durchführung praktischer Normenarbeit bietet das DIN-Blatt DIN 820, ebenso sind daraus Hinweise für die richtige Anwendung der DIN-Normen schlechthin zu entnehmen. Je mehr sich jedoch der Normengedanke verbreitet, desto lauter wird der Ruf nach einem „Normen des Normens", d. h. man verlangt eine einheitliche Normentechnik. Obwohl es bereits über 35 Jahre Deutsche Normen gibt, wird heute in Fachkreisen mehr denn je über den Umfang bzw. die Tiefe und den Begriff der Norm diskutiert. Sogar die Bezeichnung „DIN" wird verschieden gedeutet. Entstanden ist sie aus den Worten **D**eutsche **I**ndustrie **N**ormen, heute gelten die drei Buchstaben als Verbandszeichen DIN, das nunmehr in das Warenzeichenregister des Deutschen Patentamtes eingetragen ist. Die Bedingungen für die Benutzung des Verbandszeichens zur Kennzeichnung normgerechter Erzeugnisse sind in DIN 31 festgelegt. Im Bereich des DNA wird das als Norm angesehen, mit dem sich der Normenausschuß befaßt und was er in das Deutsche Normenwerk aufgenommen hat. So spricht man von DIN-Kennzeichen, - Massen, - Formaten, - Einheiten, - Formelgrößen, - Begriffen, - Stoffen, - Typen, - Verfahren usw. Das einheitliche Festlegen dieser Elemente nennt man dann normen. Mit der Beschäftigung der statistischen Häufigkeit des Vorkommens bestimmter Dinge, aus der sich üblicherweise die Normalverteilung ergibt, hat diese Norm nur eine bedingte Beziehung.

Die praktische Normenarbeit läßt sich in drei Tätigkeitsbereiche gliedern:

1. Beschaffung von Normenunterlagen, Prüfung, Überwachung und Auswertung derselben (Tätigkeit des Sachbearbeiters).
2. Entwicklung von Werksnormen, Mitwirkung bei Neukonstruktionen und Organisationsfragen (Tätigkeit des Normeningenieurs).
3. Einführung der Normen, Förderung der Belehrung, Pflege der Gemeinschaftsarbeit, Überwachung der Normenarbeit (Tätigkeit der Normenleitung).

Schließlich dient das Normen dem Zwecke auch anderswo gesammelte Erfahrungen kennenzulernen, auf ihnen weiterzubauen und sie für den eigenen Arbeitsbereich nutzbar zu machen. Wer diesen Weg wählt, erspart sich Zeit und Lehrgeld und kommt rascher zum Ziel. Nach Normen gebaute Werkzeugmaschinen gestatten die Verwendung genormter Spann- und Werkzeuge, die sich dadurch ohne Schwierigkeiten austauschen lassen; für den Reparaturfall sind Ersatzteile leichter erhältlich. Besonderes Augenmerk ist auf den Übergang von der Werksnorm zur DIN-Norm zu richten. In der wirtschaftlichen Sehweise führt das Normen zur Konzentration und Spezialisierung der Produktion, aber ohne eine weitgehende Normenarbeit ist eine Spezialisierung und Mengenfertigung unmöglich. Hierfür können aus dem Gebiete des Werkzeugmaschinenbaues die Beispiele der Raboma-Radialbohrmaschine, des Index-Automaten und der VDF-Einheitsdrehbank gelten. Das unmittelbare Ergebnis einer solchen Produktion ist die Kostenreduzierung. In Bild 24 wird das an einigen Normenbeispielen überzeugend veranschaulicht.

Durch die Reduzierung der verschiedenen Größen auf eine einzige wie bei dem Handrad oder bei den Riemenscheiben von 3600 verschiedenen Größen auf 600 erhöht sich die Stückzahl der anzufertigenden genormten Teile, was von unbestreitbarem wirtschaftlichen Vorteil ist.

a) Handrad

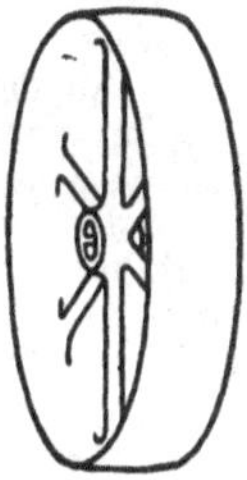

b) Riemenscheibe

Bild 24. Normenbeispiele aus der wirtschaftlichen Fertigung

25 Grenzen der Herstellgenauigkeit und Oberflächenansprüche

Mühlos von Eintausendsteln redet
der normende Jüngling.
Bis er nach Hundertsteln schafft,
wird er ein würdiger Greis.
J. Kirner

Das ist die Auffassung eines Mannes, der ein Leben lang mit dem 1/1000 mm in der Wälzlager-Erzeugung gerungen hat und dabei dem kleinsten Staubkörnchen im Montagebetrieb sein Augenmerk schenkte. Der Nerv dieser einleitenden Erörterung ist der, daß es nicht leicht fällt, die Forderung nach höchster Genauigkeit praktisch zu erfüllen und es ein weiter Weg ist, bis eine ideale Grenze erreicht ist. Wohl kannte man zu der Zeit, als Kirner seinen Satz prägte, die heutigen selbständig arbeitenden Feinstbearbeitungsmaschinen noch nicht; speziell das Läppen wurde auf sehr primitive

Weise, handwerksmäßig unter Verwendung von Läppdornen, -ringen oder -scheiben durchgeführt und die gewöhnliche Meßtechnik war weit entfernt von dem, was sie heute zu leisten vermag. Aber welche Vorteile auch die neueren Maschinen bieten mögen, die Verfahren selbst sind grundsätzlich dieselben geblieben.

Die Leistungsfähigkeit von Werkzeug und Maschine drückt sich besonders in der Qualität des Werkstückes und seiner wirtschaftlichen Fertigung aus. Maß- und Formgenauigkeit sowie Oberflächenbeschaffenheit werden im allgemeinen durch die Wahl und Anzahl der anzuwendenden Formgebungsverfahren bestimmt. Nicht minder sind Größe des Werkstückes, Werkstoff und Menge für den Maschinen-, Werkzeug-, Vorrichtungs-, Spann- und Meßzeugeinsatz maßgebend. Mit der allgemeinen technischen Entwicklung haben sich die Anforderungen in Bezug auf Genauigkeit und Oberflächenbeschaffenheit dauernd erhöht, was nicht zuletzt zur Verfeinerung der Bearbeitungs- und Meßverfahren geführt hat. Ende des 18. Jahrhunderts wurden z.B. die Zylinder für Dampfmaschinen auf „Daumendicke" genau ausgebohrt. Anfang des 19. Jahrhunderts betrug der Durchmesserunterschied bei diesen Werkstücken noch einige mm, dann galt bis zur Mitte des 19. Jahrhunderts die Stärke eines Papierblattes als höchster Genauigkeitsgrad. Um die Jahrhundertwende erreichte man eine Genauigkeit von etwa $^1/_{10}$ mm, und heute im Zeitalter des Genauigkeitsschleifens bildet der $^1/_{1000}$ mm die Grundlage der Toleranz. Hervorgerufen wurde diese Entwicklung durch das Bedürfnis nach Austauschbau aber auch durch die dauernden Leistungssteigerungen der neu entwickelten Maschinen und Geräte, die immer höhere Drehzahlen, bessere Ausnutzung der Werkstoffe, geringeren Verbrauch der Betriebsstoffe, längere Nutzdauer usw. verlangen.

Sollen aber Werkstücke entsprechend ihrem Verwendungszweck wirtschaftlich bearbeitet und Mißverständnisse zwischen Konstruktion und Fertigung vermieden werden, so ist ohne eine Präzisierung der Begriffe und Normen für die Formgebungsverfahren und der im einzelnen erreichbaren Herstellgenauigkeit und Oberflächengestalt nicht auszukommen. Mit Tafel 12 (s. Anhang) wird der Versuch unternommen, dafür eine Grundlage zu schaffen, womit keineswegs den in jüngster Zeit begonnenen diesbezüglichen Ausschußarbeiten vorgegriffen werden soll.

Die Tafel enthält alle wichtigen Angaben über die erreichbare Herstellgenauigkeit in IT-Werten nach ISA-Qualität (IT = ISA--Toleranzenreihe) und die Oberflächenrauhigkeit, auch Profilrauhtiefen genannt, sowie über die verschiedenen Bearbeitungsmethoden und die entsprechenden Werkzeugmaschinen, mit welchen sich diese am wirtschaftlichsten herstellen lassen. Darüber hinausgehende Qualitäten IT 15 bis 18 gelten für gröbere Herstellungstoleranzen, die nicht auf den üblichen Werkzeugmaschinen erzeugt, sondern durch Walzen, Schmieden usw. erreicht werden.

Erfahrungen und die Kenntnis der Begriffe auf dem Gebiete der Passungen müssen allerdings für die Beurteilung der Tafel 12 vorhanden sein, richtunggebend hierfür sind im übrigen die Normblätter DIN 7150 bis 7161. Diese Vereinbarungen über den Grad der Genauigkeit bilden die Voraussetzung für die Austauschbarkeit von Maschinenteilen schlechthin. Der Maßangabe zuliebe spricht man jedoch nicht von einem bestimmten Grad an Genauigkeit, sondern vielmehr von der zulässigen Ungenauigkeit. Es bedeutet dann Toleranz, wie das Wort selbst ausdrückt, eben Duldung, in unserem Zusammenhang die Duldung bzw. Zulässigkeit einer bestimmten Abweichung vom Nennmaß nach oben und unten. So wird eine Toleranz eindeutig durch die beiden Grenzmaße der in Frage kommenden Abmessung eines Werkstückes bestimmt. Entscheidend für das Zusammenfügen zweier Teile ist aber das Spiel oder Übermaß, wie es durch die Passung festgelegt wird. Die Passung ergibt sich aus der jeweiligen Größe und Lage der Toleranz des Nennmaßes an jedem Einzelteil. Während nun die Lage des Toleranzfeldes funktionsmäßig wichtig und daher für den Konstrukteur interessant ist, gibt sie für die Fertigung der Einzelteile keinerlei Hinweis. Betrachten wir danach den Bezug, der sich aus der Passung zweier miteinander zu verbindenden Werkstücke ergibt, d. h. wie sie durch den Maßunterschied der zusammengefügten Teile entsteht, so lassen sich prinzipiell zwei verschiedenartige Verbindungen unterscheiden. Entweder liegt zwischen den beiden Paßflächen ein mehr oder weniger starkes „Haften" vor, oder es ergibt sich ein gewisses „Spiel" (Luft).

Zum besseren Verständnis der Tafel 12 (s. Anhang) seien noch 2 Passungsbeispiele aus dem Werkzeugmaschinenbau hier angeschlossen:

1. Es soll ein Fräser mit einem Fräsdorn zusammengefügt oder kurz „gefügt" werden. Dafür kommen in Frage:

   Fräser-Bohrung Toleranzfeld H_6 bzw. IT-Wert 6
   Fräsdorn Toleranzfeld h_5 bzw. IT-Wert 5

   Aus fertigungstechnischen Gründen wählt man in der Regel für die Bohrung den ISA-Qualitätswert um eine Zahl höher als für die Welle, man bearbeitet also die Bohrung absichtlich gröber, weil sie schwieriger herzustellen ist als die Welle. Da der Fräser gehärtet ist, kommt für die Endbearbeitung der Bohrung nur

Schleifen mit IT 6-Qualität in Frage, wobei nach Tafel 12 die maximale Profilrauhtiefe 6 μ beträgt. Der Fräsdorn mit IT 5-Qualität ist gleichfalls zu schleifen und weist dieselbe Rauhigkeit auf.

2. Es sollen die Lagerzapfen einer mehrfach gelagerten Welle und die dazu gehörigen Lagerbüchsen bearbeitet werden.

Bohrung	Toleranzfeld H_7 bzw. IT-Wert 7
Welle	Toleranzfeld e_8 bzw. IT-Wert 8

Die Lagerbüchse ist ungehärtet, so daß für die Endbearbeitung der Bohrung mit IT 7-Qualität sowohl Feinbohren als auch Räumen oder Schaben gewählt werden können. Ebenso kann die Welle, wenn sie ungehärtet ist, feingedreht oder geschliffen werden, im gehärteten Zustand kommt nur Schleifen in Betracht. Die maximale Profilrauhtiefe beträgt in allen Fällen 10 μ.

Grundsätzlich gilt für die wirtschaftliche Fertigung die Regel:

„Bearbeitung so grob wie möglich, funktionsmäßige Sicherheit vorausgesetzt".

Mit zunehmender Genauigkeit und Oberflächenverfeinerung erhöhen sich die Bearbeitungszeiten, wie Bild 25 aufweist, außerordentlich schnell.

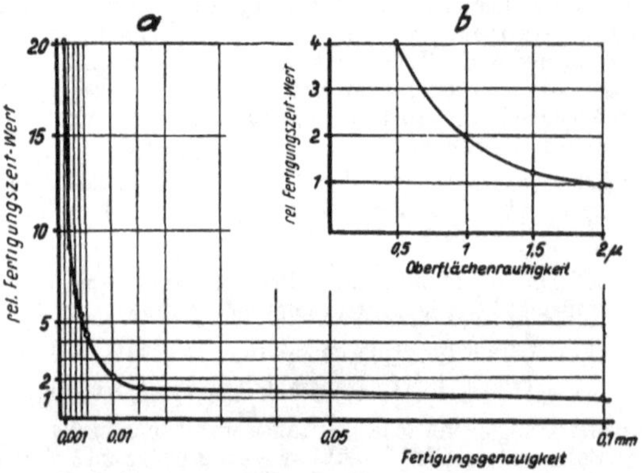

a) Größenordnung bei Steigerung der Fertigungsgenauigkeit
b) Größenordnung bei Verringerung der Oberflächenrauhigkeit

Bild 25. Relative Fertigungszeit-Zunahme bei erhöhten Qualitätsansprüchen

Zweifellos ergibt die Erzeugung einer erhöhten Genauigkeit an sich schon auch eine verfeinerte Oberflächenrauhigkeit. Die Aufteilung des Zeitdiagramms in zwei Kurven in Bild 25 wurde aber gewählt, weil sich der Verlauf des Zeitaufwandes für die Maßgenauigkeit von demjenigen für die Oberflächenverfeinerung wesentlich unterscheidet und die Arbeitsanforderungen strukturell verschieden sind.

Da nun jede Oberfläche der Sitz bestimmter Kräftefelder ist, so bieten diese auch einen bestimmten Widerstand, wenn zwei zusammengefügte Flächen gegeneinander verschoben werden. Hierbei spielen Bearbeitungsmethode und Oberflächenbeschaffenheit eine wesentliche Rolle. Es ist heute möglich Flächen mit einer Glätte herzustellen, die nahezu Flüssigkeitscharakter haben. Je kleiner die Profilrauhtiefen sind, um so höher ist aber der „Traganteil" der zusammengepaßten Flächen. Nach einem Normvorschlag von Dr. v. Weingraber beträgt dieser für einige Fertigungsmethoden:

Feindrehen	4%	Traganteil bei Profilrauhtiefen	10—40 μ
Schleifen	12%	Traganteil bei Profilrauhtiefen	4—10 μ
Feinschleifen	30%	Traganteil bei Profilrauhtiefen	1— 4 μ
Feinziehschleifen	95%	Traganteil bei Profilrauhtiefen	0,1—0,5 μ

Die für die höchste Tragfähigkeit durch „Feinstbearbeitungsverfahren" erzeugten Oberflächen reichen bei ihrer Untersuchung bereits in das ultramikroskopische Gebiet hinein, wo nur noch unter Verwendung des Elektronen-Mikroskops eine einwandfreie Beurteilung der Feinstruktur der Paßflächen möglich ist. So liegen uns von der Firma Bosch Abbildungen (Bild 26) vor, die uns den Zustand von drei auf verschiedene Weisen fein bearbeitete Oberflächen im Elektronenmikroskop veranschaulichen.

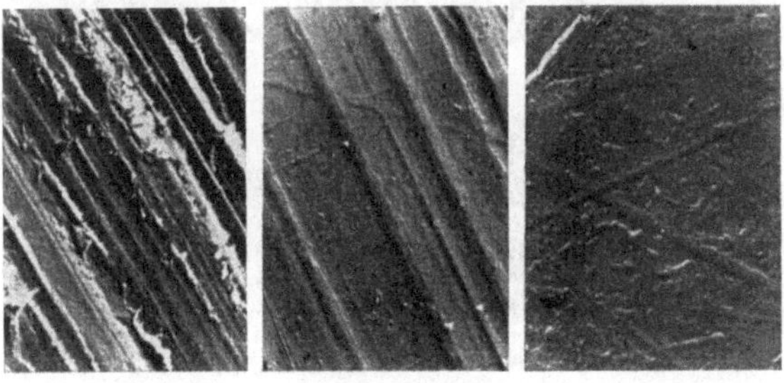

a) Fabrikationsschliff b) Feinstschliff c) Läppschliff

Bild 26. Oberflächenzustand im Elektronenmikroskop 8000fach vergr.

Es handelt sich hierbei um die Oberfläche eines Kolbens für eine Diesel-Einspritzpumpe, an welche besonders hohe Anforderungen gestellt werden. Ein solcher Kolben muß ohne fühlbaren Widerstand im Pumpenzylinder gleiten, ebenso darf das Spiel der zusammengepaßten Teile einen bestimmten Größtwert nicht überschreiten, weil sonst Leckverluste auftreten können, die den Gang des Motors beeinträchtigen. Um den funktionellen und maßlichen Zustand für die Pumpe zu gewährleisten, benutzt man heute zur Fertigbearbeitung der Pumpenteile selbständig arbeitende Läppmaschinen. Angesichts der vorstehenden Abbildungen ist deutlich zu erkennen, in welcher Weise sich die Struktur der Oberfläche mit der Verfeinerung der Bearbeitungsmittel immer mehr verbessert; besonders günstig ist ohne Zweifel die geläppte Fläche, da es bei dieser die gewöhnlichen Schleifspuren nicht gibt. Mit den Methoden der bislang üblichen Meßtechnik, die sich Lichtstrahl- und Abtastverfahren bedienten, ist diesen Ultrafeinheiten nicht mehr zu folgen.

Indessen dürfte es interessieren, wie die Oberflächenprofile der oben dargestellten drei Arbeitsstufen aussehen. Ein Bild davon vermittelt uns die Oberflächenaufnahme mit dem Leitz-Forster-Gerät (Bild 27).

a)

b)

c)

Läppschliff – Profilrauhtiefe = 0,2 μ
Vergrößerung: Höhe 1 000 fach, Seite 100 fach
Tastnadelfrequenz: 100 Hz

Bild 27. Oberflächenprofile mit Leitz-Forstergerät aufgenommen (Mit Oberflächenaufnahmen Bild 26 zu vergleichen)

Auch diese Oberflächenaufnahmen lassen deutlich die beachtlichen Unterschiede der Profilrauhtiefen bei den verschiedenen Bearbeitungsmethoden erkennen, sie geben aber nicht den Einblick in die Feinstruktur der Materie. Zuletzt sei noch nachdrücklich darauf hingewiesen, daß sich das Feinstläppen von dem Feinstziehschleifen grundsätzlich dadurch unterscheidet, daß letzteres einem reinen Glättvorgang entspricht, ohne dabei eine Korrektur etwa noch vorhandener Maß- und Formfehler zu bewirken, was hingegen beim Läppen der Fall ist. Die abgetragene Werkstoffschicht beträgt beim Feinstziehschleifen kaum mehr als 0,001 mm. Aber der dadurch erzielte Oberflächenzustand ist von einer Güte, die durch kein anderes Verfahren zu erzielen ist. So wurde bei Chrysler, wo das Feinstziehschleifen unter der Bezeichnung „Superfinishverfahren" entstanden ist, bereits 1935 festgestellt, daß eine Welle bei einer Oberflächenrauhigkeit von 0,45 μ nur eine Belastung von 53 kg aushielt, während bei 0,05 μ 98,5 kg nötig waren um einen Durchbruch des Ölfilms zu erreichen.

Ganz abwegig ist es bei derartig hohen Qualitätsansprüchen die Oberflächen nur mit dem bloßen Auge vergleichen zu wollen, das ist selbst dann schwierig, wenn sie nach derselben Methode und mit denselben Bearbeitungsdaten hergestellt worden sind. Vor allem darf man sich nicht durch das blanke Aussehen einer Oberfläche über die tatsächliche Rauhigkeit täuschen lassen, ob eine Fläche blank oder matt erscheint, hängt wesentlich auch vom Werkstoff ab.

Die letzten Ausführungen dürften nun gezeigt haben, welchen technischen Stand die spanende Metallbearbeitung mit Hilfe der Werkzeugmaschinen, der Meß- und Prüftechnik erreicht hat, ohne welche eine solche Entwicklung nicht möglich gewesen wäre. Was heute noch als hochgezüchtete Qualitätsansprüche bezeichnet werden mag, kann morgen in der Technik schon weitverbreitet sein. So reicht manches von dem Gesagten vielleicht über die Gegenwart hinaus, aber darin liegt ja schließlich der Sinn der wissenschaftlichen Arbeit. Mit welchen praktischen technischen Mitteln der heutige Werkzeugmaschinenbau den mannigfältigen fertigungstechnischen Anforderungen gerecht wird, vermittelt Band III. Über allem Fortschritt möchte nicht zuletzt an den Leitspruch von Robert Bosch erinnert werden:

„Ein Beitrag zur Verbesserung der Technik und Wirtschaft sollte immer auch den Menschen und Völkern nützlich sein."

Literaturverzeichnis

1. Berg, Siegfried: Angewandte Normzahl. Beuth-Vertrieb 1949.

2. Bosch, Robert: Bosch und der Dieselmotor. Bosch-Schriftenreihe Folge 3, 1950.

3. Briefs, Goetz: Betriebsführung und Betriebsleben in der Industrie. Enke-Verlag Stuttgart 1934.

4. Deutscher Normenausschuß: DIN-Mitteilungen 1950–52, Beuth-Vertrieb.

5. Hegner, Kurt: Normung im Werkzeugmaschinenbau. Werkstattstechnik und Maschinenbau 1937, S. 129.

6. Kienzle, Otto: Normungszahlen. Springer-Verlag 1950.
–: Die Typung, ein Zweig der Normung. Werkstattstechnik und Werksleiter 1941, S. 21.
–: Die Typnormung im Erzeugungsbild des deutschen Maschinenbaus. ZVDI 1949, S. 273.

7. Kirner, Josef: Passungen der Wälzlager. Wittwer-Verlag, Stuttgart 1935.

8. Klingelnberg: Technisches Hilfsbuch. Springer-Verlag 1940.

9. Lenouvel, L.: Les tendances actuelles des machines-outils. Editeur DUNOD 1947.

10. Matthes, Karl: Grenzen der Normung. DIN-Mitteilungen Mai 1950.
–: Umfang und Vollständigkeit einer Norm. DIN-Mitteilungen Februar 1951.
–: Die Normung als Grundlage der Produktivitätssteigerung. Industrie-Anzeiger, Girardet-Verlag. Dezember 1951.
–: Merkblätter des Lehrstuhls für Fertigungstechnik und Werkzeugmaschinen der Techn. Universität Berlin 1946–52 (Nicht veröffentlicht).

11. Mellerowicz, Konrad: Allgemeine Betriebswirtschaftslehre I-III. Sammlung Göschen. Bd. 1008, 1153, 1154. 1154

12. Opitz, Herwart: Wirtschaftliche Fertigung und Forschung. Carl Hanser Verlag München, 1949.

13. Schlesinger, Georg: Surface finish, Published by the Institution of Production Engineers, 1942.

14. Schmaltz, Gustav: Technische Oberflächenkunde. Springer-Verlag 1936

15. Spengler, Oswald: Der Mensch und die Technik. C. H. Beck'sche Verlagsbuchhandlung, München 1931.

16. Uehli, Ernst: Vorzeit der Schweiz. M. S. Metz-Verlag, Zürich 1942.

17. Werkstatt und Betrieb: Zeitschrift für Maschinenbau und Fertigung. Carl Hanser-Verlag, München.

18. Werkstattstechnik und Maschinenbau: ADB-Organ. Springer- und VDI-Verlag.

19. Wirtschaftsgruppe Maschinenbau: Wirtschaftsstatistik 1935–39.

Sachverzeichnis

Metallbearbeitungs-Grundlagen			
Formtechnik		Verfahren	Werkzeugmaschinen-Arten
Drehen		Grobdrehen	Drehbank Revolverdrehbank Automat
		Schruppen	
		Schlichten	
		Feindrehen	Präzisionsdrehbank
		Feinstdrehen	
Hobeln		Grobhobeln	Hobelmaschine Stoßmaschine
		Schruppen	
		Schlichten	
		Feinhobeln	
Fräsen	Walzen	Schruppen	Horizontal-, Vertikal-Fräsmaschine
		Schlichten	
		Feinfräsen	
	Stirnen	Schruppen	Horizontal-, Vertikal-Fräsmaschine
		Schlichten	
		Feinfräsen	
Bohren	Grob	Vorbohren	Säulen-, Ständer-, Auslegerbohrmasch. Bohrwerk
		Aufbohren	
	Fein	Feinbohren	Feinbohrmaschine
		Feinstbohren	
	Senken und Reiben	Senken	Säulen-, Ständer-, Auslegerbohrmasch. Bohrwerk
		Reiben	
Räumen		Grobräumen	Pressen, Innen- und Außen-Räummaschine
		Schruppen	
		Schlichten	
		Feinräumen	
Schaben		Vorschaben	Handschaber, Schabemaschine
		Feinschaben	
		Feinstschaben	
Schleifen	Außenrund-, Loch-, Flachschleif.	Grobschleifen	Außenrund-, Innen-, Flach-, Spitzenlos-Schleifmaschine
		Fabrikationsschleif.	
		Feinschleifen	
		Feinstschleifen	
	Ziehschleifen	Vorhonen	Honmaschine
		Feinhonen	
	Mikroziehschl	Feinsthonen	Feinhonmaschine
	Außenrund-, Loch-, Flachläppen	Vorläppen	handbetätigte, selbsttätige Läppmaschine
		Feinläppen	
		Feinstläppen	

Tafel 12. Spanende Metallbearbeitung, e

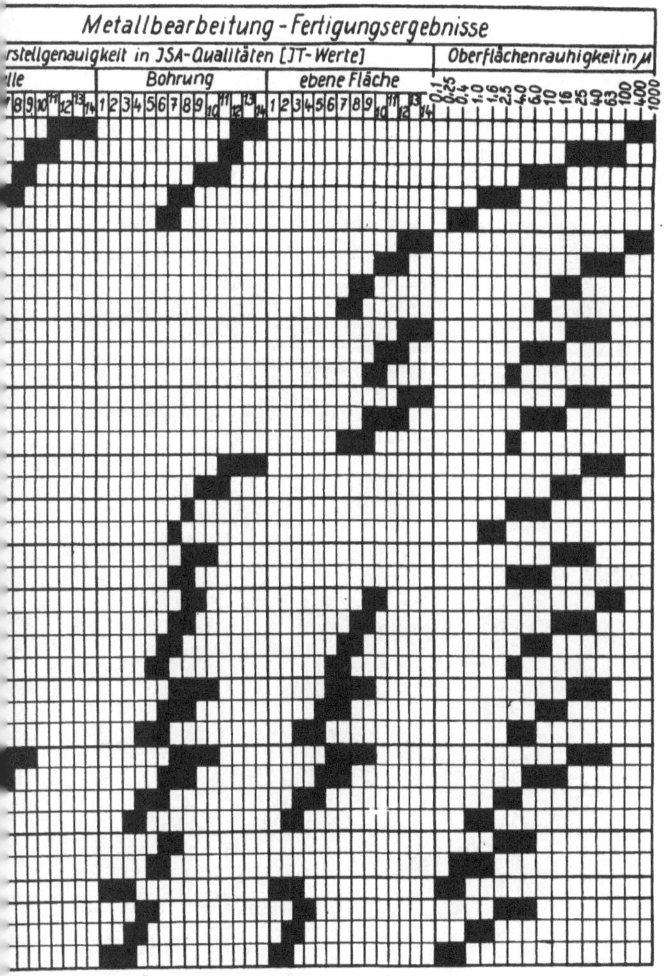

Ierstellgenauigkeit und Oberflächenrauhigkeit

GESAMTVERZEICHNIS

der

SAMMLUNG GÖSCHEN

Jeder Band DM 3,60 · Doppelband DM 5,80

Herbst 1960

WALTER DE GRUYTER & CO., BERLIN W 35

Inhaltsübersicht

Geisteswissenschaften

Philosophie

Einführung in die Philosophie von *H. Leisegang †*. 4. Auflage. 145 Seiten. 1960. (281)

Hauptprobleme der Philosophie von *G. Simmel †*. 7., unveränderte Auflage. 177 Seiten. 1950. (500)

Geschichte der Philosophie

I: Die griechische Philosophie von *W. Capelle*. 1. Teil. Von Thales bis Leukippos. 2., erweiterte Auflage. 135 Seiten. 1953. (857)

II: Die griechische Philosophie von *W. Capelle*. 2. Teil. Von der Sophistik bis zum Tode Platons. 2., stark erweiterte Auflage. 144 Seiten. 1953. (858)

III: Die griechische Philosophie von *W. Capelle*. 3. Teil. Vom Tode Platons bis zur Alten Stoa. 2., stark erweiterte Auflage. 132 Seiten. 1954. (859)

IV: Die griechische Philosophie von *W. Capelle*. 4. Teil. Von der Alten Stoa bis zum Eklektizismus im 1. Jh. v. Chr. 2., stark erweiterte Auflage. 132 Seiten. 1954. (863)

V: Die Philosophie des Mittelalters von *J. Koch*. In Vorbereitung. (826)

VI: Von der Renaissance bis Kant von *K. Schilling*. 234 Seiten. 1954. (394/394a)

VII: Immanuel Kant von *G. Lehmann*. In Vorbereitung. (536)

VIII: Die Philosophie des 19. Jahrhunderts von *G. Lehmann*. 1. Teil. 151 Seiten. 1953. (571)

IX: Die Philosophie des 19. Jahrhunderts von *G. Lehmann*. 2. Teil. 168 Seiten. 1953. (709)

X: Die Philosophie im ersten Drittel des 20. Jahrhunderts 1. Teil von G. *Lehmann*. 128 Seiten. 1957. (845)

XI: Die Philosophie im ersten Drittel des 20. Jahrhunderts 2. Teil von *G. Lehmann*. 114 Seiten. 1960. (850)

Die geistige Situation der Zeit (1931) von *K. Jaspers*. 5., unveränderter Abdruck der im Sommer 1932 bearbeiteten 5. Auflage. 211 Seiten. 1960. (1000)

Erkenntnistheorie von *G. Kropp*.
I. Teil: Allgemeine Grundlegung. 143 Seiten. 1950. (807)

Formale Logik von *P. Lorenzen*. 165 Seiten. 1958. (1176/1176a)

Philosophisches Wörterbuch von *M. Apel †*. 5., völlig neubearbeitete Auflage von *P. Ludz*. 315 Seiten. 1958. (1031/1031a)

Philosophische Anthropologie. Menschliche Selbstdeutung in Geschichte und Gegenwart von *M. Landmann*. 266 Seiten. 1955. (156/156a)

Pädagogik, Psychologie, Soziologie

Geschichte der Pädagogik von *Herm. Weimer*. 14., durchgesehene und vermehrte Auflage von *Heinz Weimer*. 178 Seiten. 1960. (145)

Therapeutische Psychologie. Ihr Weg durch die Psychoanalyse von *W. M. Kranefeldt*. Mit einer Einführung von *C. G. Jung*. 3. Auflage. 152 Seiten. 1956. (1034)

Allgemeine Psychologie von *Th. Erismann.* 3 Bände. 2., neubearbeitete Auflage.
I: Grundprobleme. 146 Seiten. 1958. (831)
II: Grundarten des physischen Geschehens. 248 Seiten. 1959. (832/832a)
III: Psychologie der Persönlichkeit. In Vorbereitung (833)

Soziologie. Geschichte und Hauptprobleme von *L. von Wiese.* 6. Auflage. 175 Seiten. 1960. (101)

Sozialpsychologie von *P. R. Hofstätter.* 181 Seiten, 15 Abbildungen, 22 Tabellen. 1956. (104/104a)

Psychologie des Berufs- und Wirtschaftslebens von *W. Moede †.* 190 Seiten, 48 Abbildungen. 1958. (851/851a)

Industrie- und Betriebssoziologie von *R. Dahrendorf.* 120 Seiten. 1956. (103)

Religionswissenschaften

Jesus von *M. Dibelius †.* 3. Auflage, mit einem Nachtrag von *W. G. Kümmel.* 140 Seiten. 1960. (1130)

Paulus von *M. Dibelius †.* Nach dem Tode des Verfassers herausgegeben und zu Ende geführt von *W. G. Kümmel.* 2., durchgesehene Auflage. 155 Seiten. 1956. (1160)

Luther von *F. Lau.* 151 Seiten. 1959. (1187)

Melanchthon von *R. Stupperich.* 139 Seiten. 1960. (1190)

Geschichte Israels. Von den Anfängen bis zur Zerstörung des Tempels (70 n. Chr.) von *E. L. Ehrlich.* 158 Seiten, 1 Tafel. 1958. (231/231a)

Römische Religionsgeschichte von *F. Altheim.* 2 Bände. 2., umgearbeitete Auflage.
I: Grundlagen und Grundbegriffe. 116 Seiten. 1956. (1035)
II: Der geschichtliche Ablauf. 164 Seiten. 1956. (1052)

Musik

Musikästhetik von *H. J. Moser.* 180 Seiten. Mit zahlreichen Notenbeispielen. 1953. (344)

Systematische Modulation von *R. Hernried.* 2. Auflage. 136 Seiten. Mit zahlreichen Notenbeispielen. 1950. (1094)

Der polyphone Satz von *E. Pepping.* 2 Bände.
I: Der cantus-firmus-Satz. 2. Auflage. 223 Seiten. Mit zahlreichen Notenbeispielen. 1950. (1148)
II: Übungen im doppelten Kontrapunkt und im Kanon. 137 Seiten. Mit zahlreichen Notenbeispielen. 1957. (1164/1164a)

Allgemeine Musiklehre von *H. J. Moser.* 2., durchgesehene Auflage. 155 Seiten. Mit zahlreichen Notenbeispielen. 1955. (220/220a)

Harmonielehre von *H. J. Moser.* 2 Bände.
I: 109 Seiten. Mit 120 Notenbeispielen. 1954. (809)

Die Musik des 19. Jahrhunderts von *W. Oehlmann.* 180 Seiten. 1953. (170)

Die Musik des 20. Jahrhunderts von *W. Oehlmann.* In Vorbereitung. (171/171a)

Technik der deutschen Gesangskunst von *H. J. Moser.* 3., durchgesehene und verbesserte Auflage. 144 Seiten, 5 Figuren sowie Tabellen und Notenbeispiele. 1954. (576/576a)

Die Kunst des Dirigierens von *H. W. von Waltershausen †*. 2., vermehrte Auflage. 138 Seiten. Mit 19 Notenbeispielen. 1954. (1147)

Die Technik des Klavierspiels aus dem Geiste des musikalischen Kunstwerkes von *K. Schubert †*. 3. Auflage. 110 Seiten. Mit Notenbeispielen. 1954. (1045)

Kunst

Stilkunde von *H. Weigert*. 2 Bände. 3., durchgesehene und ergänzte Auflage.
I: Vorzeit, Antike, Mittelalter. 136 Seiten, 94 Abbildungen. 1958. (80)
II: Spätmittelalter und Neuzeit. 150 Seiten, 88 Abbildungen. 1958. (781)

Archäologie von *A. Rumpf*. 2 Bände.
I: Einleitung, historischer Überblick. 143 Seiten, 6 Abbildungen, 12 Tafeln. 1953. (538)
II: Die Archäologensprache. Die antiken Reproduktionen. 136 Seiten, 7 Abbildungen, 12 Tafeln. 1956. (539)

Geschichte

Einführung in die Geschichtswissenschaft von *P. Kirn*. 3., durchgesehene Auflage. 128 Seiten. 1959. (270)

Zeitrechnung der römischen Kaiserzeit, des Mittelalters und der Neuzeit für die Jahre 1—2000 n. Chr. von *H. Lietzmann †*. 3. Auflage, durchgesehen von *K. Aland*. 130 Seiten. 1956. (1085)

Kultur der Urzeit von *F. Behn*. 3 Bände. 4. Auflage der Kultur der Urzeit Bd. 1—3 von *M. Hoernes*.
I: Die vormetallischen Kulturen. (Die Steinzeiten Europas. Gleichartige Kulturen in anderen Erdteilen.) 172 Seiten, 48 Abbildungen. 1950. (564)
II: Die älteren Metallkulturen. (Der Beginn der Metallbenutzung. Kupfer- und Bronzezeit in Europa, im Orient und in Amerika.) 160 Seiten, 67 Abbildungen 1950. (565)
III: Die jüngeren Metallkulturen. (Das Eisen als Kulturmetall, Hallstatt-Latène-Kultur in Europa. Das erste Auftreten des Eisens in den anderen Weltteilen.) 149 Seiten, 60 Abbildungen. 1950. (566)

Vorgeschichte Europas von *F. Behn*. Völlig neue Bearbeitung der 7. Auflage der „Urgeschichte der Menschheit" von *M. Hoernes*. 125 Seiten, 47 Abbildungen. 1949. (42)

Der Eintritt der Germanen in die Geschichte von *J. Haller †*. 3. Auflage, durchgesehen von *H. Dannenbauer*. 120 Seiten, 6 Kartenskizzen. 1957. (1117)

Von den Karolingern zu den Staufern. Die altdeutsche Kaiserzeit (900—1250) von *J. Haller †*. 4., durchgesehene Auflage von *H. Dannenbauer*. 142 Seiten, 4 Karten. 1958. (1065)

Von den Staufern zu den Habsburgern. Auflösung des Reichs und Emporkommen der Landesstaaten (1250—1519) von *J. Haller †*. 2., durchgesehene Auflage von *H. Dannenbauer*. 118 Seiten, 6 Kartenskizzen. 1960. (1077)

Deutsche Geschichte im Zeitalter der Reformation, der Gegenreformation und des dreißigjährigen Krieges von *F. Hartung*. 129 Seiten. 1951. (1105)

Deutsche Geschichte von 1648—1740. Politischer und geistiger Wiederaufbau von *W. Treue*. 120 Seiten. 1956. (35)

Deutsche Geschichte von 1713—1806 von *W. Treue*. 168 Seiten. 1957. (39)

Deutsche Geschichte von 1807—1890 von *W. Treue*. 1960. 125 Seiten. (893)

Deutsche Geschichte von 1890 bis zur Gegenwart von *W. Treue*. In Vorbereitung. (894)

Quellenkunde der Deutschen Geschichte im Mittelalter (bis zur Mitte des 15. Jahrhunderts) von *K. Jacob †*. 3 Bände.
I: Einleitung. Allgemeiner Teil. Die Zeit der Karolinger. 6. Auflage, bearbeitet von *H. Hohenleutner*. 127 Seiten. 1959. (279)
II: Die Kaiserzeit (911—1250). 5., neubearbeitete Auflage von *H. Hohenleutner*. 127 Seiten.1960. (280)
III: Das Spätmittelalter (vom Interregnum bis 1500). Herausgegeben von *F. Weden*. 152 Seiten. 1952. (284)

Geschichte Englands von *H. Preller*. 2 Bände.
I: bis 1815. 3., stark umgearbeitete Auflage. 135 Seiten, 7 Stammtafeln, 2 Karten. 1952. (375)
II: Von 1815 bis 1910. 2., völlig umgearbeitete Auflage. 118 Seiten, 1 Stammtafel, 7 Karten. 1954. (1088)

Römische Geschichte von *F. Altheim*. 4 Bände. 2., verbesserte Auflage.
I: Bis zur Schlacht bei Pydna (168 v. Chr.). 124 Seiten. 1956. (19)
II: Bis zur Schlacht bei Actium (31 v. Chr.). 129 Seiten. 1956. (677)
III: Bis zur Schlacht an der Milvischen Brücke (312 n. Chr.). 148 Seiten. 1958. (679)
IV: Bis zur Schlacht am Yarmuk (636 n. Chr.). In Vorbereitung. (684)

Geschichte der Vereinigten Staaten von Amerika von *O. Graf zu Stolberg-Wernigerode*. 192 Seiten, 10 Karten. 1956. (1051/1051a)

Deutsche Sprache und Literatur

Geschichte der Deutschen Sprache von *H. Sperber*. 3. Auflage, besorgt von *W. Fleischhauer*. 128 Seiten. 1958. (915)

Deutsches Rechtschreibungswörterbuch von *M. Gottschald †*. 2., verbesserte Auflage. 219 Seiten. 1953. (200/200a)

Deutsche Wortkunde. Kulturgeschichte des deutschen Wortschatzes von *A. Schirmer*. 4. Auflage von *W. Mitzka*. 123 Seiten. 1960. (929)

Deutsche Sprachlehre von *W. Hofstaetter*. 10. Auflage. Völlige Umarbeitung der 8. Auflage. 150 Seiten. 1960. (20)

Stimmkunde für Beruf, Kunst und Heilzwecke von *H. Biehle*. 111 Seiten. 1955. (60)

Redetechnik. Einführung in die Rhetorik von *H. Biehle*. 115 Seiten. 1954. (61)

Sprechen und Sprachpflege (Die Kunst des Sprechens) von *H. Feist*. 2., verbesserte Auflage. 99 Seiten, 25 Abbildungen. 1952. (1122)

Deutsches Dichten und Denken von der germanischen bis zur staufischen Zeit von *H. Naumann †*. (Deutsche Literaturgeschichte vom 5.—13. Jahrhundert.) 2., verbesserte Auflage. 166 Seiten. 1952. (1121)

Deutsches Dichten und Denken vom Mittelalter zur Neuzeit von *G. Müller* (1270 bis 1700). 2., durchgesehene Auflage. 159 Seiten. 1949. (1086)

Deutsches Dichten und Denken von der Aufklärung bis zum Realismus (Deutsche Literaturgeschichte von 1700—1890) von *K. Viëtor †*. 3., durchgesehene Auflage. 159 Seiten. 1958. (1096)

Der Nibelunge Nôt in Auswahl mit kurzem Wörterbuch von *K. Langosch.* 10., durchgesehene Auflage. 164 Seiten. 1956. (1)

Kudrun und Dietrich-Epen in Auswahl mit Wörterbuch von *O. L. Jiriczek.* 6. Auflage, bearbeitet von *R. Wisniewski.* 173 Seiten. 1957. (10)

Wolfram von Eschenbach. Parzival. Eine Auswahl mit Anmerkungen und Wörterbuch von *H. Jantzen.* 2. Auflage, bearbeitet von *H. Kolb.* 128 Seiten. 1957. (921)

Hartmann von Aue. Der arme Heinrich nebst einer Auswahl aus der „Klage", dem „Gregorius" und den Liedern (mit einem Wörterverzeichnis) herausgegeben von *F. Maurer.* 96 Seiten. 1958. (18)

Gottfried von Strassburg in Auswahl herausgegeben von *F. Maurer.* 142 Seiten. 1959. (22)

Die deutschen Personennamen von *M. Gottschald †.* 2., verbesserte Auflage. 151 Seiten. 1955. (422)

Althochdeutsches Elementarbuch. Grammatik und Texte von *H. Naumann †* und *W. Betz.* 2., verbesserte und vermehrte Auflage. 156 Seiten. 1954. (1111)

Mittelhochdeutsche Grammatik von *H. de Boor* und *R. Wisniewski.* 2., verbesserte und ergänzte Auflage. 142 Seiten. 1960. (1108)

Indogermanisch, Germanisch

Indogermanische Sprachwissenschaft von *H. Krahe.* 2 Bände. 3., neubearbeitete Auflage.
I: Einleitung und Lautlehre. 106 Seiten. 1958. (59)
II: Formenlehre. 124 Seiten. 1959. (64)

Gotisches Elementarbuch. Grammatik, Texte mit Übersetzung und Erläuterungen. Mit einer Einleitung von *H. Hempel.* 2., umgearbeitete Auflage. 165 Seiten. 1953. (79)

Germanische Sprachwissenschaft von *H. Krahe.* 2 Bände.
I: Einleitung und Lautlehre. 4., überarbeitete Auflage. 147 Seiten. 1960. (238)
II: Formenlehre. 3., neubearbeitete Auflage. 149 Seiten. 1957. (780)

Altnordisches Elementarbuch. Schrift, Sprache, Texte mit Übersetzung und Wörterbuch von *F. Ranke.* 2., durchgesehene Auflage. 146 Seiten. 1949. (1115)

Englisch, Romanisch

Altenglisches Elementarbuch von *M. Lehnert.* Einführung, Grammatik, Texte mit Übersetzung und Wörterbuch. 4., verbesserte Auflage. 178 Seiten. 1959. (1125)

Historische neuenglische Laut- und Formenlehre von *E. Ekwall.* 3., durchgesehene Auflage. 150 Seiten. 1956. (735)

Englische Phonetik von *H. Mutschmann †.* 117 Seiten. 1956. (601)

Englische Literaturgeschichte von *F. Schubel.* 4 Bände.
I: Die alt- und mittelenglische Periode. 163 Seiten. 1954. (1114)
II: Von der Renaissance bis zur Aufklärung. 160 Seiten. 1956. (1116)
III: Romantik und Viktorianismus. 160 Seiten. 1960. (1124)

Beowulf von *M. Lehnert.* Eine Auswahl mit Einführung, teilweiser Übersetzung, Anmerkungen und etymologischem Wörterbuch. 3., verbesserte Auflage. 135 Seiten. 1959. (1135)

Shakespeare von *P. Meißner †*. 2. Auflage, neubearbeitet von *M. Lehnert*. 136 Seiten. 1954. (1142)
Italienische Literaturgeschichte von *K. Voßler †*. 5. Auflage, neubearbeitet von *A. Noyer-Weidner*. In Vorbereitung. (125)
Geschichte der römischen Literatur von *L. Bieler*. 2 Bände.
I: Die Literatur der Republik. 152 Seiten. 1960. (52)
II: Die Literatur der Kaiserzeit. 125 Seiten. 1960. (866)
Romanische Sprachwissenschaft von *H. Lausberg*. 2 Bände.
I: Einleitung und Vokalismus. 160 Seiten. 1956. (128/128a)
II: Konsonantismus. 95 Seiten. 1956. (250)

Griechisch, Lateinisch

Griechische Sprachwissenschaft von *W. Brandenstein*. 2 Bände.
I: Einleitung, Lautsystem, Etymologie. 160 Seiten. 1954. (117)
II: Wortbildung und Formenlehre. 192 Seiten. 1959. (118/118a)
Geschichte der griechischen Sprache. 2 Bände.
I: Bis zum Ausgang der klassischen Zeit von *O. Hoffmann †*. 3. Auflage, bearbeitet von *A. Debrunner †*. 156 Seiten. 1953. (111)
II: Grundfragen und Grundzüge des nachklassischen Griechisch von *A. Debrunner †*. 144 Seiten. 1954. (114)
Grammatik der neugriechischen Volkssprache von *J. Kalitsunakis*. 3., völlig neubearbeitete und erweiterte Auflage. 1961. In Vorbereitung. (756/756a)
Neugriechisch-deutsches Gesprächsbuch von *J. Kalitsunakis*. 2. Auflage, bearbeitet von *A. Steinmetz*. 99 Seiten. 1960. (587)
Geschichte der lateinischen Sprache von *F. Stolz †*. 3., stark umgearbeitete Auflage von *A. Debrunner †*. 136 Seiten. 1953. (492)

Hebräisch, Sanskrit, Russisch

Hebräische Grammatik von *G. Beer †*. 2 Bände. 2., völlig neubearbeitete Auflage von *R. Meyer*.
I: Schrift-, Laut- und Formenlehre I. 157 Seiten. 1952. (763/763a)
II: Formenlehre II. Syntax und Flexionstabellen. 195 Seiten. 1955. (764/764a)
Hebräisches Textbuch zu *G. Beer-R. Meyer*, Hebräische Grammatik von *R. Meyer*. 170 Seiten. 1960. (769/769a)
Sanskrit-Grammatik von *M. Mayrhofer*. 89 Seiten. 1953. (1158)
Russische Grammatik von *E. Berneker †*. 6., unveränderte Auflage von *M. Vasmer*. 155 Seiten. 1947. (66)
Einführung in die slavische Sprachwissenschaft von *H. Bräuer*. 2 Bände.
I: Einleitung und Lautlehre. 1960 In Vorbereitung (1191)

Erd- und Länderkunde

Afrika von *F. Jaeger*. Ein geographischer Überblick. 2 Bände. 2., umgearbeitete Auflage.
I: Der Lebensraum. 179 Seiten, 18 Abbildungen. 1954. (910)
II: Mensch und Kultur. 155 Seiten, 6 Abbildungen. 1954. (911)
Australien und Ozeanien von *H. J. Krug*. 176 Seiten, 46 Skizzen. 1953. (319)

Volkswirtschaft, Statistik, Publizistik

Allgemeine Betriebswirtschaftslehre von *K. Mellerowicz*. 4 Bände. 10., erweiterte und veränderte Auflage.
I: 224 Seiten. 1958. (1008/1008a) II: 188 Seiten. 1959. (1153/1153a)
III: 260 Seiten. 1959. (1154/1154a) IV: 209 Seiten. 1959. (1186/1186a)
Diese 4 Bände sind auch in Ganzleinen gebunden zum Preise von je DM 6,30 lieferbar.

Allgemeine Volkswirtschaftslehre von *A. Paulsen*. 4 Bände.
I: Grundlegung, Wirtschaftskreislauf. 3., durchgesehene und ergänzte Auflage. 148 Seiten. 1959. (1169)
II: Haushalte, Unternehmungen, Marktformen. 3., neubearbeitete Auflage. 166 Seiten, 32 Abbildungen. 1960. (1170)
III: Produktionsfaktoren. 190 Seiten. 1959. (1171)
IV: Gesamtbeschäftigung, Konjunkturen, Wachstum. 172 Seiten. 1960. (1172)

Finanzwissenschaft von *H. Kolms*. 4 Bände.
I: Grundlegung, Öffentliche Ausgaben. 160 Seiten. 1959. (148)
II: Erwerbseinkünfte, Gebühren und Beiträge; Allgemeine Steuerlehre. 148 Seiten. 1960. (391)
III: Besondere Steuerlehre. In Vorbereitung. (776)
IV: Öffentlicher Kredit. Haushaltswesen. Finanzausgleich. In Vorbereitung. (782)

Finanzmathematik von *M. Nicolas*. 192 Seiten, 11 Tafeln, 8 Tabellen und 72 Beispiele. 1959. (1183/1183a)

Industrie- und Betriebssoziologie von *R. Dahrendorf*. 120 Seiten. 1956. (103)

Wirtschaftssoziologie von *F. Fürstenberg*. 1960. In Vorbereitung (1193)

Psychologie des Berufs- und Wirtschaftslebens von *W. Moede †*. 190 Seiten, 48 Abbildungen. 1958. (851/851a)

Allgemeine Methodenlehre der Statistik von *J. Pfanzagl*. 2 Bände.
I: Elementare Methoden unter besonderer Berücksichtigung der Anwendungen in den Wirtschafts- und Sozialwissenschaften. 205 Seiten, 35 Abbildungen. 1960. (746/746a)
II: Höhere Methoden unter besonderer Berücksichtigung der Anwendungen in Naturwissenschaft, Medizin und Technik. In Vorbereitung. (747/747a)

Zeitungslehre von *E. Dovifat*. 2 Bände. 3., neubearbeitete Auflage.
I: Theoretische und rechtliche Grundlagen — Nachricht und Meinung — Sprache und Form. 148 Seiten. 1955. (1039)
II: Redaktion — Die Sparten: Verlag und Vertrieb, Wirtschaft und Technik, Sicherung der öffentlichen Aufgabe. 158 Seiten. 1955. (1040)

Naturwissenschaften

Mathematik

Geschichte der Mathematik von *J. E. Hofmann*. 3 Bände.
I: Von den Anfängen bis zum Auftreten von Fermat und Descartes. 200 Seiten. 1953. (226)
II: Von Fermat und Descartes bis zur Erfindung des Calculus und bis zum Ausbau der neuen Methoden. 109 Seiten. 1957. (875)
III: Von den Auseinandersetzungen um den Calculus bis zur französischen Revolution. 107 Seiten. 1957. (882)

NATURWISSENSCHAFTEN

Mathematische Formelsammlung von *F. O. Ringleb.* 7., erweiterte Auflage. 320 Seiten, 40 Figuren. 1960. (51/51 a)

Vierstellige Tafeln und Gegentafeln für logarithmisches und trigonometrisches Rechnen in zwei Farben zusammengestellt von *H. Schubert* und *R. Haussner.* 2. Auflage. 156 Seiten. 1960. (81)

Fünfstellige Logarithmen von *A. Adler.* Mit mehreren graphischen Rechentafeln und häufig vorkommenden Zahlenwerten. 3. Auflage. 127 Seiten, 1 Tafel. 1959. (423)

Arithmetik von *P. B. Fischer †.* 3. Auflage von *H. Rohrbach.* 152 Seiten, 19 Abbildungen. 1958. (47)

Höhere Algebra von *H. Hasse.* 2 Bände. 4., durchgesehene Auflage.
I: Lineare Gleichungen. 152 Seiten. 1957. (931)
II: Gleichungen höheren Grades. 158 Seiten, 5 Figuren. 1958. (932)

Aufgabensammlung zur höheren Algebra von *H. Hasse* und *W. Klobe.* 2., verbesserte und vermehrte Auflage. 181 Seiten. 1952. (1082)

Elementare und klassische Algebra vom modernen Standpunkt von *W. Krull.* 2 Bände.
I: 2., erweiterte Auflage. 136 Seiten. 1952. (930)
II: 132 Seiten. 1959. (933)

Einführung in die Zahlentheorie von *A. Scholz †.* Überarbeitet und herausgegeben von *B. Schoeneberg.* 2. Auflage. 128 Seiten. 1955. (1131)

Formale Logik von *P. Lorenzen.* 165 Seiten. 1958. (1176/1176 a)

Topologie von *W. Franz.* 2 Bände.
I: Allgemeine (analytische) Topologie. 144 Seiten, 9 Figuren. 1960. (1181)

Elemente der Funktionentheorie von *K. Knopp †.* 5. Auflage. 144 Seiten, 23 Fig. 1959. (1109)

Funktionentheorie von *K. Knopp †.* 2 Bände.
I: Grundlagen der allgemeinen Theorie der analytischen Funktionen. 9., neubearbeitete Auflage. 144 Seiten, 8 Figuren. 1957. (668)
II: Anwendungen und Weiterführung der allgemeinen Theorie. 8./9. Auflage. 130 Seiten, 7 Figuren. 1955. (703)

Aufgabensammlung zur Funktionentheorie von *K. Knopp †.* 2 Bände. 5. Auflage.
I: Aufgaben zur elementaren Funktionentheorie. 135 Seiten. 1957. (877)
II: Aufgaben zur höheren Funktionentheorie. 144 Seiten. 1959. (878)

Differential- und Integralrechnung von *M. Barner.* (Früher *Witting*). 4 Bände.
I: Grenzwertbegriff, Differentialrechnung. 1960 In Vorbereitung. (86)

Gewöhnliche Differentialgleichungen von *G. Hoheisel.* 6., neubearbeitete und erweiterte Auflage. 128 Seiten. 1960. (920)

Partielle Differentialgleichungen von *G. Hoheisel.* 4., durchgesehene Auflage. 128 Seiten. 1960. (1003)

Aufgabensammlung zu den gewöhnlichen und partiellen Differentialgleichungen von *G. Hoheisel.* 3., durchgesehene und verbesserte Auflage. 124 Seiten. 1958. (1059)

Integralgleichungen von *G. Hoheisel.* 2., durchgesehene Auflage. 1961. In Vorbereitung. (1099)

Mengenlehre von *E. Kamke.* 3., neubearbeitete Auflage. 194 Seiten, 6 Figuren. 1955. (999/999 a)

Gruppentheorie von *L. Baumgartner.* 3., neubearbeitete Auflage. 110 Seiten, 3 Tafeln. 1958. (837)

Ebene und sphärische Trigonometrie von *G. Hessenberg †*. 5. Auflage, durchgesehen von *H. Kneser*. 172 Seiten, 60 Figuren. 1957. (99)

Darstellende Geometrie von *W. Haack*. 3 Bände.

I: Die wichtigsten Darstellungsmethoden. Grund- und Aufriß ebenflächiger Körper. 3., durchgesehene und ergänzte Auflage. 113 Seiten, 120 Abbildungen. 1960. (142)

II: Körper mit krummen Begrenzungsflächen. Kotierte Projektionen. 2., durchgesehene und ergänzte Auflage. 129 Seiten, 86 Abbildungen. 1959. (143)

III: Axonometrie und Perspektive. 127 Seiten, 100 Abbildungen. 1957. (144)

Analytische Geometrie von *K. P. Grotemeyer*. 202 Seiten, 73 Abbildungen. 1958. (65/65 a)

Nichteuklidische Geometrie. Hyperbolische Geometrie der Ebene von *R. Baldus †*. Durchgesehen und herausgegeben von *F. Löbell*. 3., verbesserte Auflage. 140 Seiten, 70 Figuren. 1953. (970)

Differentialgeometrie von *K. Strubecker* (früher *Rothe*). 3 Bände.

I: Kurventheorie der Ebene und des Raumes. 150 Seiten, 18 Figuren. 1955. (1113/1113 a)

II: Theorie der Flächenmetrik. 195 Seiten, 14 Figuren. 1958. (1179/1179 a)

III: Theorie der Flächenkrümmung. 254 Seiten, 38 Figuren. 1959. (1180/1180 a)

Variationsrechnung I von *L. Koschmieder*. 2., verbesserte Auflage. Mit 23 Figuren. 1960. In Vorbereitung. (1074)

Einführung in die konforme Abbildung von *L. Bieberbach*. 5., erweiterte Auflage. 180 Seiten, 42 Figuren. 1956. (768/768 a)

Vektoren und Matrizen von *S. Valentiner*. 2. Auflage. (9., erweiterte Auflage der „Vektoranalysis"). Mit Anhang: Aufgaben zur Vektorrechnung von *H. König*. 202 Seiten, 35 Figuren. 1960. (354/354 a)

Versicherungsmathematik von *F. Böhm*. 2 Bände.

I: Elemente der Versicherungsrechnung. 3., vermehrte und verbesserte Auflage. Durchgesehener Neudruck. 151 Seiten. 1953. (180)

II: Lebensversicherungsmathematik. Einführung in die technischen Grundlagen der Sozialversicherung. 2., verbesserte und vermehrte Auflage. 205 Seiten. 1953. (917/917 a)

Finanzmathematik von *M. Nicolas*. 192 Seiten, 11 Tafeln, 8 Tabellen und 72 Beispiele. 1959. (1183/1183 a)

Physik

Einführung in die theoretische Physik von *W. Döring*. 5 Bände.

I: Mechanik. 2., verbesserte Auflage. 123 Seiten, 25 Abbildungen. 1960. (76)

II: Das elektromagnetische Feld. 122 Seiten, 15 Abbildungen. 1955. (77)

III: Optik. 117 Seiten, 32 Abbildungen. 1956. (78)

IV: Thermodynamik. 107 Seiten, 9 Abbildungen. 1956. (374)

V: Statistische Mechanik. 114 Seiten, 12 Abbildungen. 1957. (1017)

Mechanik deformierbarer Körper von *M. Päsler*. 199 Seiten, 48 Abbildungen. 1960. (1189/1189 a)

Atomphysik von *K. Bechert* und *Ch. Gerthsen †*. 7 Bände.

I: Allgemeine Grundlagen. 1. Teil. 4., durchgesehene Auflage von *A. Flammersfeld*. 124 Seiten, 35 Abbildungen. 1959. (1009)

II: Allgemeine Grundlagen. 2. Teil. 4. Auflage. 1961. In Vorber. (1033)

III: Theorie des Atombaus. 1. Teil. 3., umgearbeitete Auflage. 148 Seiten, 16 Abbildungen. 1954. (1123/1123a)
IV: Theorie des Atombaus. 2. Teil. 3., umgearbeitete Auflage. 170 Seiten, 14 Abbildungen. 1954. (1165/1165a)

Differentialgleichungen der Physik von *F. Sauter*. 3., durchgesehene und ergänzte Auflage. 148 Seiten, 16 Figuren. 1958. (1070)

Physikalische Formelsammlung von *G.* u. *K. Mahler*. 11. Auflage, neubearbeitet von *H. Graewe*. 69 Figuren. 1960. In Vorbereitung (136)

Physikalische Aufgabensammlung von *G. Mahler †*. Neubearbeitet von *K. Mahler*. Mit den Ergebnissen. 10., durchgesehene Auflage. 127 Seiten. 1959. (243)

Chemie

Geschchte der Chemie in kurzgefaßter Darstellung von *G. Lockemann*. 2 Bände.
I: Vom Altertum bis zur Entdeckung des Sauerstoffs. 142 Seiten, 8 Bildnisse. 1950. (264)
II: Von der Entdeckung des Sauerstoffs bis zur Gegenwart. 151 Seiten, 16 Bildnisse. 1955. (265/265a)

Anorganische Chemie von *W. Klemm*. 11. Auflage. 185 Seiten, 18 Abbildungen. 1960. (37)

Organische Chemie von *W. Schlenk*. 8., erweiterte Auflage. 272 Seiten, 16 Abbildungen. 1960. (38/38a)

Physikalische Methoden der Organischen Chemie von *G. Kresze*. 1961. In Vorbereitung. (44)

Allgemeine und physikalische Chemie von *W. Schulze*. 2 Bände.
I: 5., durchgesehene Auflage. 139 Seiten, 10 Figuren. 1960. (71)
II: 4., neubearbeitete Auflage. 176 Seiten, 37 Figuren. 1956. (698/698a)

Molekülbau. Theoretische Grundlagen und Methoden der Strukturermittlung von *W. Schulze*. 123 Seiten, 43 Figuren. 1958. (786)

Physikalisch-chemische Rechenaufgaben von *E. Asmus*. 3., verbesserte Auflage. 96 Seiten. 1958. (445)

Maßanalyse. Theorie und Praxis der klassischen und der elektrochemischen Titrierverfahren von *G. Jander* und *K. F. Jahr*. 8., durchgesehene und ergänzte Auflage. 313 Seiten, 49 Figuren. 1959. (221/221a)

Qualitative Analyse von *H. Hofmann* u. *G. Jander*. 308 Seiten, 5 Abbildungen. 1960. (247/247a)

Thermochemie von *W. A. Roth †*. 2., verbesserte Auflage. 109 Seiten, 16 Figuren. 1952. (1057)

Stöchiometrische Aufgabensammlung von *W. Bahrdt †* und *R. Scheer*. Mit den Ergebnissen. 7., durchgesehene Auflage. 119 Seiten. 1960. (452)

Elektrochemie und ihre physikalisch-chemischen Grundlagen von *A. Dassler*. 2 Bände.
II: 178 Seiten, 17 Abbildungen. 1950. (253)

Technologie

Die Chemie der Kunststoffe von *K. Hamann*, unter Mitarbeit von *W. Funke* und *H. D. Hermann*. 143 Seiten. 1960. (1173)

Warenkunde von *K. Hassak* und *E. Beutel †*. 2 Bände.
I: Anorganische Waren sowie Kohle und Erdöl. 8. Auflage. Neubearbeitet von *A. Kutzelnigg*. 119 Seiten, 18 Figuren. 1958. (222)

II: Organische Waren. 8. Auflage. Vollständig neubearbeitet von *A. Kutzelnigg*. 157 Seiten, 32 Figuren. 1959. (223)

Die Fette und Öle von *K. Braun †*. 5., völlig neubearbeitete und verbesserte Auflage von *Th. Klug*. 145 Seiten. 1950. (335)

Die Seifenfabrikation von *K. Braun †*. 3., neubearbeitete und verbesserte Auflage von *Th. Klug*. 116 Seiten, 18 Abbildungen. 1953. (336)

Textilindustrie von *A. Blümcke*.
I: Spinnerei und Zwirnerei. 111 Seiten, 43 Abbildungen. 1954. (184)

Biologie

Einführung in die allgemeine Biologie und ihre philosophischen Grund- und Grenzfragen von *M. Hartmann*. 132 Seiten, 2 Abbildungen. 1956. (96)

Hormone von *G. Koller*. 2., neubearbeitete und erweiterte Auflage. 187 Seiten, 60 Abbildungen, 19 Tabellen. 1949. (1141)

Fortpflanzung im Tier- und Pflanzenreich von *J. Hämmerling*. 2., ergänzte Auflage. 135 Seiten, 101 Abbildungen. 1951. (1138)

Geschlecht und Geschlechtsbestimmung im Tier- und Pflanzenreich von *M. Hartmann*. 2., verbesserte Auflage. 116 Seiten, 61 Abbildungen, 7 Tabellen. 1951. (1127)

Symbiose der Tiere mit pflanzlichen Mikroorganismen von *P. Buchner*. 2., verbesserte und vermehrte Auflage. 130 Seiten, 121 Abbildungen. 1949. (1128)

Grundriß der Allgemeinen Mikrobiologie von *W.* u. *A. Schwartz*. 2 Bände. 2., verbesserte und ergänzte Auflage.
I: 147 Seiten, 25 Abbildungen. 1960. (1155)
II: 1960. In Vorbereitung. (1157)

Botanik

Entwicklungsgeschichte des Pflanzenreiches von *H. Heil*. 2. Auflage. 138 Seiten, 94 Abbildungen, 1 Tabelle. 1950. (1137)

Morphologie der Pflanzen von *L. Geitler*. 3., umgearbeitete Auflage. 126 Seiten, 114 Abbildungen. 1953. (141)

Pflanzengeographie von *L. Diels †*. 5., völlig neubearbeitete Auflage von *F. Mattick*. 195 Seiten, 2 Karten. 1958. (389/389a)

Die Laubhölzer. Kurzgefaßte Beschreibung der in Mitteleuropa gedeihenden Laubbäume und Sträucher von *F. W. Neger †* und *E. Münch †*. 3., durchgesehene Auflage, herausgegeben von *B. Huber*. 143 Seiten, 63 Figuren, 7 Tabellen. 1950. (718)

Die Nadelhölzer (Koniferen) und übrigen Gymnospermen von *F. W. Neger †* und *E. Münch †*. 4. Auflage, durchgesehen und ergänzt von *B. Huber*. 140 Seiten, 75 Figuren, 4 Tabellen, 3 Karten. 1952. (355)

Pflanzenzüchtung von *H. Kuckuck*. 2 Bände.
I: Grundzüge der Pflanzenzüchtung. 3., völlig umgearbeitete und erweiterte Auflage. 132 Seiten, 22 Abbildungen. 1952. (1134)
II: Spezielle gartenbauliche Pflanzenzüchtung (Züchtung von Gemüse, Obst und Blumen). 178 Seiten, 27 Abbildungen. 1957. (1178/1178a)

Zoologie

Entwicklungsphysiologie der Tiere von *F. Seidel*. 2 Bände.
I: Ei und Furchung. 126 Seiten, 29 Abbildungen. 1953. (1162)
II: Körpergrundgestalt und Organbildung. 159 Seiten, 42 Abbildungen 1953. (1163)

Das Tierreich
I: Einzeller, Protozoen von *E. Reichenow*. 115 Seiten, 59 Abbildungen. 1956. (444)
II: Schwämme und Hohltiere von *H. J. Hannemann*. 95 Seiten, 80 Abbildungen. 1956. (442)
III: Würmer. Platt-, Hohl-, Schnurwürmer, Kamptozoen, Ringelwürmer, Protracheaten, Bärtierchen, Zungenwürmer von *S. Jaeckel*. 114 Seiten, 36 Abbildungen. 1955. (439)
IV, 1: Krebse von *H. E. Gruner* und *K. Deckert*. 114 Seiten, 43 Abbildungen. 1956. (443)
IV, 2: Spinnentiere (Trilobitomorphen, Fühlerlose) und Tausendfüßler von *A. Kaestner*. 96 Seiten, 55 Abbildungen. 1955. (1161)
IV, 3: Insekten von *H. von Lengerken*. 128 Seiten, 58 Abbildungen. 1953. (594)
V: Weichtiere. Urmollusken, Schnecken, Muscheln und Kopffüßer von *S. Jaeckel*. 92 Seiten, 34 Abbildungen. 1954. (440)
VI: Stachelhäuter. Tentakulaten, Binnenatmer und Pfeilwürmer von *S. Jaeckel*. 100 Seiten, 46 Abbildungen. 1955. (441)
VII, 2: Fische von *D. Lüdemann*. 130 Seiten, 65 Abbildungen. 1955. (356)
VII, 3: Lurche (Chordatiere) von *K. Herter*. 143 Seiten, 129 Abbildungen. 1955. (847)
VII, 4: Kriechtiere (Chordatiere) von *K. Herter*. 200 Seiten, 142 Abbildungen. 1960. (447/447 a)
VII, 5: Vögel (Chordatiere) von *H.-A. Freye*. 156 Seiten, 69 Abbildungen. 1960. (869)
VII, 6: Säugetiere (Chordatiere) von *Th. Haltenorth*. In Vorbereitung. (282)

Land- und Forstwirtschaft

Landwirtschaftliche Tierzucht. Die Züchtung und Haltung der landwirtschaftlichen Nutztiere von *H. Vogel*. 139 Seiten, 11 Abbildungen. 1952. (228)

Kulturtechnische Bodenverbesserungen von *O. Fauser*. 2 Bände.
I: Allgemeines, Entwässerung. 5., verbesserte und vermehrte Auflage. 127 Seiten, 49 Abbildungen. 1959. (691)
II: Bewässerung, Ödlandkultur, Umlegung. 5., verbesserte und vermehrte Auflage. 1960. In Vorbereitung. (692)

Agrikulturchemie von *K. Scharrer*. 2 Bände.
I: Pflanzenernährung. 143 Seiten. 1953. (329)
II: Futtermittelkunde. 192 Seiten. 1956. (330/330 a)

Geologie, Mineralogie, Kristallographie

Mineral- und Erzlagerstättenkunde von *H. Huttenlocher* †. 2 Bände.
I: 128 Seiten, 34 Abbildungen. 1954. (1014)
II: 156 Seiten, 48 Abbildungen. 1954. (1015/1015 a)

Allgemeine Mineralogie. 10., erweiterte Auflage der „Mineralogie" von *R. Brauns †*, bearbeitet von *K. F. Chudoba*. 120 Seiten, 120 Figuren, 1 Tafel, 3 Tabellen. 1958. (29)

Spezielle Mineralogie. 10., erweiterte Auflage der „Mineralogie" von *R. Brauns †*, bearbeitet von *K. F. Chudoba*. 170 Seiten, 125 Figuren, 4 Tabellen. 1959. (31/31 a)

Petrographie (Gesteinskunde) von *W. Bruhns †*. Neubearbeitet von *P. Ramdohr*. 5., erweiterte Auflage. 141 Seiten, 10 Figuren. 1960. (173)

Kristallographie von *W. Bruhns †*. 5. Auflage, neubearbeitet von *P. Ramdohr*. 109 Seiten, 164 Abbildungen. 1958. (210)

Einführung in die Kristalloptik von *E. Buchwald*. 4., verbesserte Auflage. 138 Seiten, 121 Figuren. 1952. (619)

Lötrohrprobierkunde. Mineraldiagnose mit Lötrohr- und Tüpfelreaktion. Von *M. Henglein*. 3., verbesserte Auflage. 91 Seiten, 11 Figuren. 1949. (483)

Technik

Graphische Darstellung in Wissenschaft und Technik von *M. Pirani*. 3., erweiterte Auflage bearbeitet von *J. Fischer* unter Benutzung der von *I. Runge* besorgten 2. Auflage. 216 Seiten, 104 Abbildungen. 1957. (728/728 a)

Technische Tabellen und Formeln von *W. Müller*. 4., verbesserte und erweiterte Auflage von *E. Schulze*. 152 Seiten, 105 Figuren. 1951. (579)

Elektrotechnik

Grundlagen der allgemeinen Elektrotechnik von *O. Mohr*. 3 Bände.
I: Die drei Feldformen. 2. Auflage. In Vorbereitung. (196)
II: Die wichtigsten elektrischen und physikalischen Grunderscheinungen. 95 Seiten, 36 Abbildungen, 7 Tafeln. 1956. (197)
III: Schaltvorgänge, Widerstandsformen, Meßtechnik. 91 Seiten, 59 Abbildungen, 1 Tafel. 1956. (198)

Die Gleichstrommaschine von *K. Humburg*. 2 Bände. 2., durchgesehene Auflage.
I: 102 Seiten, 59 Abbildungen. 1956. (257)
II: 101 Seiten, 38 Abbildungen. 1956. (881)

Die synchrone Maschine von *K. Humburg*. Neudruck. 109 Seiten, 78 Abbildungen. 1951. (1146)

Induktionsmaschinen von *F. Unger*. 2., erweiterte Auflage. 142 Seiten, 49 Abbildungen. 1954. (1140)

Die komplexe Berechnung von Wechselstromschaltungen von *H. H. Meinke*. 2. Auflage. 180 Seiten, 120 Abbildungen. 1957. (1156/1156 a)

Theoretische Grundlagen zur Berechnung der Schaltgeräte von *F. Kesselring*. 3. Auflage. 144 Seiten, 92 Abbildungen. 1950. (711)

Einführung in die Technik selbsttätiger Regelungen von *W. zur Megede*. 176 Seiten, 86 Abbildungen. 1956. (714/714 a)

Elektromotorische Antriebe (Grundlagen für die Berechnung) von *A. Schwaiger*. 3., neubearbeitete Auflage. 96 Seiten, 34 Abbildungen. 1952. (827)

Überspannungen und Überspannungsschutz von *G. Frühauf*. Durchgesehener Neudruck. 122 Seiten, 98 Abbildungen. 1950. (1132)

Maschinenbau

Metallkunde von *H. Borchers*. 2 Bände.
I: Aufbau der Metalle und Legierungen. 4. Auflage. 120 Seiten, 90 Abbildungen, 2 Tabellen. 1959. (432)
II: Eigenschaften, Grundzüge der Form- und Zustandsgebung. 3. und 4. Auflage. 179 Seiten, 107 Abbildungen, 10 Tabellen. 1959. (433/433 a)

Die Werkstoffe des Maschinenbaues von *A. Thum* † und *C. M. v. Meysenbug*. 2 Bände.
I: Einführung in die Werkstoffprüfung. 2., neubearbeitete Auflage. 100 Seiten, 7 Tabellen, 56 Abbildungen. 1956. (476)
II: Die Konstruktionswerkstoffe. 132 Seiten, 40 Abbildungen. 1959. (936)

Dynamik von *W. Müller*. 2 Bände. 2., verbesserte Auflage.
I: Dynamik des Einzelkörpers. 128 Seiten, 48 Figuren. 1952. (902)
II: Systeme von starren Körpern. 102 Seiten, 41 Figuren. 1952. (903)

Technische Schwingungslehre von *L. Zipperer*. 2 Bände. 2., neubearbeitete Auflage.
I: Allgemeine Schwingungsgleichungen, einfache Schwinger. 120 Seiten, 101 Abbildungen. 1953. (953)
II: Torsionsschwingungen in Maschinenanlagen. 102 Seiten, 59 Abbildungen. 1955. (961/961 a)

Werkzeugmaschinen für Metallbearbeitung von *K. P. Matthes*. 2 Bände.
I: 100 Seiten, 27 Abbildungen, 11 Zahlentafeln, 1 Tafelanhang. 1954. (561)
II: Fertigungstechnische Grundlagen der neuzeitlichen Metallbearbeitung. 101 Seiten, 30 Abbildungen, 5 Tafeln. 1955. (562)

Transformatoren von *W. Schäfer*. 3., überarbeitete und ergänzte Auflage. 130 Seiten, 73 Abbildungen. 1957. (952)

Das Maschinenzeichnen mit Einführung in das Konstruieren von *W. Tochtermann*. 2 Bände. 4. Auflage.
I: Das Maschinenzeichnen. 156 Seiten, 75 Tafeln. 1950. (589)
II: Ausgeführte Konstruktionsbeispiele. 130 Seiten, 58 Tafeln. 1950. (590)

Die Maschinenelemente von *E. A. vom Ende*. 3., verbesserte Auflage. 166 Seiten, 175 Figuren, 9 Tafeln. 1956. (3/3 a)

Die Maschinen der Eisenhüttenwerke von *L. Engel*. 156 Seiten, 95 Abbildungen. 1957. (583/583 a)

Walzwerke von *H. Sedlaczek* † unter Mitarbeit von *F. Fischer* und *M. Buch*. 232 Seiten, 157 Abbildungen. 1958. (580/580 a)

Getriebelehre von *P. Grodzinski* †. 2 Bände.
I: Geometrische Grundlagen. 3. Auflage, durchgesehen von *G. Lechner*. 164 Seiten, 132 Figuren. 1960. (1061)

Gießereitechnik von *H. Jungbluth*. 2 Bände.
I: Eisengießerei. 126 Seiten, 44 Abbildungen. 1951. (1159)

Die Dampfkessel und Feuerungen einschließlich Hilfseinrichtungen in Theorie, Konstruktion und Berechnung von *W. Marcard †*. 2 Bände. 2. Auflage, neubearbeitet von *K. Beck*.
I: Die theoretischen Grundlagen, Wärme, Verbrennung, Wärmeübertragung. 150 Seiten, 42 Abbildungen, 16 Tabellen. 1951. (9)
II: Dampfkessel. 147 Seiten, 43 Abbildungen. 1952. (521)

Die Dampfturbinen. Ihre Wirkungsweise, Berechnung und Konstruktion von *C. Zietemann*. 3 Bände. 3., verbesserte Auflage.
I: Theorie der Dampfturbinen. 139 Seiten, 48 Abbildungen. 1955. (274)
II: Die Berechnung der Dampfturbinen und die Konstruktion der Einzelteile. 132 Seiten, 111 Abbildungen. 1956. (715)
III: Die Regelung der Dampfturbinen, die Bauarten, Turbinen für Sonderzwecke, Kondensationsanlagen. 126 Seiten, 90 Abbildungen. 1956. (716)

Verbrennungsmotoren von *W. Endres*. 3 Bände.
I: Überblick. Motor-Brennstoffe. Verbrennung im Motor allgemein, im Otto- und Diesel-Motor. 153 Seiten, 57 Abbildungen. 1958. (1076/1076a)
II: Die heutigen Typen der Verbrennungskraftmaschine. In Vorbereitung. (1184)
III: Die Einzelteile des Verbrennungsmotors. In Vorbereitung. (1185)

Autogenes Schweißen und Schneiden von *H. Niese*. 5. Auflage, neubearbeitet von *A. Küchler*. 136 Seiten, 71 Figuren. 1953. (499)

Die elektrischen Schweißverfahren von *H. Niese*. 2. Auflage, neubearbeitet von *H. Dienst*. 136 Seiten, 58 Abbildungen. 1955. (1020)

Die Hebezeuge. Entwurf von Winden und Kranen von *G. Tafel*. 2., verbesserte Auflage. 176 Seiten, 230 Figuren. 1954. (414/414a)

Wasserbau

Wasserkraftanlagen von *A. Ludin* unter Mitarbeit von *W. Borkenstein*. 2 Bände.
I: Planung, Grundlagen und Grundzüge. 124 Seiten, 60 Abbildungen. 1955. (665)
II: Anordnung und Ausbildung der Hauptbauwerke. 184 Seiten, 91 Abbildungen. 1958. (666/666a)

Verkehrswasserbau von *H. Dehnert*. 3 Bände.
I: Entwurfsgrundlagen, Flußregelungen. 103 Seiten, 52 Abbildungen. 1950. (585)
II: Flußkanalisierung und Schiffahrtskanäle. 94 Seiten, 60 Abbildungen. 1950. (597)
III: Schleusen und Hebewerke. 98 Seiten, 70 Abbildungen. 1950. (1152)

Wehr- und Stauanlagen von *H. Dehnert*. 134 Seiten, 90 Abbildungen. 1952. (965)

Talsperren von *F. Tölke*. 122 Seiten, 70 Abbildungen. 1953. (1044)

Hoch- und Tiefbau

Die wichtigsten Baustoffe des Hoch- und Tiefbaus von *O. Graf †*. 4., verbesserte Auflage. 131 Seiten, 63 Abbildungen. 1953. (984)

Baustoffverarbeitung und Baustellenprüfung des Betons von *A. Kleinlogel*. 2., neubearbeitete und erweiterte Auflage. 126 Seiten, 35 Abbildungen. 1951. (978)

Festigkeitslehre. 2 Bände.
I: Elastizität, Plastizität und Festigkeit der Baustoffe und Bauteile von *W. Gehler †* und *W. Herberg*. Durchgesehener und erweiterter Neudruck. 159 Seiten, 118 Abbildungen. 1952. (1144)
II: Formänderung, Platten, Stabilität und Bruchhypothesen von *W. Herberg* und *N. Dimitrov*. 187 Seiten, 94 Abbildungen. 1955. (1145/1145a)

Grundlagen des Stahlbetonbaus von *A. Troche*. 2., neubearbeitete und erweiterte Auflage. 208 Seiten, 75 Abbildungen, 17 Bemessungstafeln, 20 Rechenbeispiele. 1953. (1078)

Statik der Baukonstruktionen von *A. Teichmann*. 3 Bände.
I: Grundlagen. 101 Seiten, 51 Abbildungen, 8 Formeltafeln. 1956. (119)
II: Statisch bestimmte Stabwerke. 107 Seiten, 52 Abbildungen, 7 Tafeln. 1957. (120)
III: Statisch unbestimmte Systeme. 112 Seiten, 34 Abbildungen, 7 Formeltafeln. 1958. (122)

Fenster, Türen, Tore aus Holz und Metall. Eine Anleitung zu ihrer guten Gestaltung, wirtschaftlichen Bemessung und handwerksgerechten Konstruktion von *W. Wickop †*. 4., überarbeitete und ergänzte Auflage. 155 Seiten, 95 Abbildungen. 1955. (1092)

Heizung und Lüftung von *W. Körting*. 2 Bände. 9., neubearbeitete Auflage.
I: Das Wesen und die Berechnung der Heizungs- und Lüftungsanlagen. 1960. In Vorbereitung. (342)
II: Die Ausführung der Heizungs- und Lüftungsanlagen. 1960. In Vorbereitung. (343)

Industrielle Kraft- und Wärmewirtschaft von *F. A. F. Schmidt* und *A. Beckers*. 167 Seiten, 73 Abbildungen. 1957. (318/318a)

Vermessungswesen

Vermessungskunde von *P. Werkmeister*. 3 Bände.
I: Stückvermessung und Nivellieren. 10., völlig neubearbeitete Auflage von *W. Grossmann*. 143 Seiten, 117 Figuren. 1958. (468)
II: Horizontalaufnahmen und ebene Rechnungen. 8., völlig neubearbeitete Auflage von *W. Grossmann*. 133 Seiten, 97 Figuren. 1959. (469)
III: Trigonometrische und barometrische Höhenmessung. Tachymetrie und Absteckungen. 7., völlig neubearbeitete Auflage von *W. Grossmann*. 136 Seiten, 97 Figuren. 1960. (862)

Photogrammetrie von *G. Lehmann*. 189 Seiten, 132 Abbildungen. 1959. (1188/1188a)

Sammlung Göschen / Bandnummernfolge

1 Langosch, Der Nibelunge Nôt
3/3a v. Ende, Maschinenelemente
9 Marcard-Beck, Dampfkessel I
10 Jiriczek-Wisniewski, Kudrun- und Dietrich-Epen
18 Maurer, Hartmann von Aue. Der arme Heinrich
19 Altheim, Römische Geschichte I
20 Hofstaetter, Dt. Sprachlehre
22 Maurer, Gottfried von Strassburg
29 Brauns-Chudoba, Allg. Mineralog.
31/31a Brauns-Chudoba, Spez. Mineralogie
35 Treue, Dt. Geschichte von 1648 bis 1740
37 Klemm, Anorganische Chemie
38/38a Schlenk, Organische Chemie
39 Treue, Dt. Geschichte von 1713 bis 1806
42 Behn, Vorgeschichte Europas
44 Kresze, Physikalische Methoden der organischen Chemie
47 Fischer-Rohrbach, Arithmetik
51/51a Ringleb, Mathematische Formelsammlung
52 Bieler, Röm. Literaturgesch.
59 Krahe, Indog. Sprachwiss. I
60 Biehle, Stimmkunde
61 Biehle, Redetechnik
64 Krahe, Indog. Sprachwiss. II
65/65a Grotemeyer, Analyt. Geometrie
66 Bernecker-Vasmer, Russische Grammatik
71 Schulze, Allgemeine und physikalische Chemie I
76 Döring, Einführung in die theoret. Physik I
77 Döring, Einführung in die theoret. Physik II
78 Döring, Einführung in die theoret. Physik III
79 Hempel, Got. Elementarbuch
80 Weigert, Stilkunde I
81 Schubert-Haussner, Vierstell. Logarithmentafeln
86 Barner, Differential- u. Integralrechn. I
96 Hartmann, Einf. in die allgem. Biologie
99 Hessenberg-Kneser, Ebene und sphär. Trigonometrie
101 v. Wiese, Soziologie
103 Dahrendorf, Industrie- und Betriebssoziologie
104/104a Hofstätter, Sozialpsycholog.
111 Hoffmann-Debrunner, Gesch. der griechischen Sprache I
114 Debrunner, Gesch. der griechisch. Sprache II
117 Brandenstein, Griechische Sprachwissenschaft I
118/118a Brandenstein, Griechische Sprachwissenschaft II
119 Teichmann, Statik der Baukonstruktionen I
120 Teichmann, Statik der Baukonstruktionen II
122 Teichmann, Statik der Baukonstruktionen III
125 Vossler-Noyer-Weidner, Ital. Literaturgeschichte
128/128a Lausberg, Romanische Sprachwissenschaft I
136 Mahler-Graewe, Physikalische Formelsammlung
141 Geitler, Morphologie der Pflanzen
142 Haack. Darstellende Geometrie I
143 Haack, Darstellende Geometrie II
144 Haack, Darstellende Geometrie III
145 Weimer, Gesch. der Pädagogik
148 Kolms, Finanzwissenschaft I
156/156a Landmann, Philosophische Anthropologie
170 Oehlmann, Musik des 19. Jhs.
171/171a Oehlmann, Musik des 20. Jhs.
173 Bruhns-Ramdohr, Petrographie
180 Böhm, Versicherungsmathem. I
184 Blümcke, Textilindustrie I
196 Mohr, Grundlagen der Elektrotechnik I
197 Mohr, Grundlagen der Elektrotechnik II
198 Mohr, Grundlagen der Elektrotechnik III
200/200a Gottschald, Dt. Rechtschreibungswörterbuch
210 Bruhns-Ramdohr, Kristallogr.
220/220a Moser, Allg. Musiklehre
221/221a Jander-Jahr, Maßanalyse
222 Hassak-Beutel-Kutzelnigg, Warenkunde I
223 Hassak-Beutel-Kutzelnigg, Warenkunde II

Autorenregister

AUTORENREGISTER

FSC
www.fsc.org
MIX
Papier | Fördert
gute Waldnutzung
FSC® C083411

Kolibri 360 GmbH
Ferdinand-Jühlke-Straße 7
99095 Erfurt, Deutschland
produktsicherheit@kolibri360.de